Svona er Ísland í dag

THIS IS ICELAND TODAY

Listaverk úr ís á Skeiðarársandi

Hópur nemenda í Myndlista- og handíðaskóla Íslands fór í gær austur á Skeiðarársand til að skoða aðstæður eftir hlaupið, auk þess sem nemarnir hjuggu myndir úr ísjökum á sandinum fram í myrkur.

Halldór Eiríksson, nemandi í grafíkdeild og einn skipuleggjenda ferðarinnar, sagði ýmis verkfæri notuð við mótun þessa efniviðar, þeirra öflugastar keðjusagir, en einnig viðarsagir, hamrar, meitlar og logsuðutæki af ýmsu tagi. „Einnig var unnið með jakana á margan hátt annan, svo sem að skrúfa inn í þá, mála, binda í kringum og reisa við þá timburverk, svo eitthvað sé nefnt." [Front Cover]

Morgunbladid

M. E. Kentta
Gabriele Stautner
Sigurður A. Magnússon

Svona er Ísland í dag

THIS IS ICELAND TODAY

Menntamálaráðuneytið styrkti útgáfu bókarinnar
Made possible in part by a grant from the Ministry of Education, Science and Culture

Háskólaútgáfan · The University of Iceland Press
Reykjavík 2000

Printed in Iceland / Prentsmiðjan Oddi, Reykjavík
ISBN: 9979-54-388-4

Ólafur Ragnar Grímsson, forseti Íslands

Ávarp

Ísland er heimur ævintýra og andstæðna. Sköpunarkraftur náttúruaflanna er sýnilegur nánast við hvert fótmál. Mannlífið er mótað af ríkulegri hefð lýðræðislegrar umræðu, litríkrar sögu og fjölskrúðugrar menningar.

Sumir segja að íbúafjöldinn sé annað hvort leyndarmál eða blekking. Hvernig er mögulegt að á höfuðborgarsvæði sem opinberlega telur aðeins um 160.000 manns sé í einni viku boðið upp á 26 mismunandi leiksýningar, opnanir á 6 málverkasýningum, 8 tónleika strengjasveita eða kóra auk sinfóníutónleika og óperusýninga – og slíkur fjölbreytileiki sé ríkjandi nær allar vikur ársins?

Hvernig er mögulegt að í þjóðfélagi sem opinberlega telur um 270.000 íbúa þrífist 2 fullburða sjónvarpsstöðvar og nokkrar minni, um 10 útvarpsstöðvar, 3 alvöru dagblöð, tugir héraðsfréttablaða, fjöldi glanstímarita og hundruð nýrra bóka komi út árlega?

Íslenskt þjóðfélag er ekki síður gossvæði en landið sjálft. Sköpunarvilji náttúrunnar er rótfastur í sálarlífi mannfólksins. Í Gamla testamentinu er kennt að guð hafi skapað heiminn á sex dögum og svo tekið sér hvíld. Þessi saga er ekki alveg sönn. Ísland gleymdist nefnilega þegar kom að hvíldinni. Hér hefur sköpun jarðarinnar haldið áfram. Ný fjöll, nýir hverir, umbreyting fljóta og fossa, eldgos, jarðskjálftar og klofnun jökla. Máttarvöldin eru sífellt að minna á sig.

Heimsókn til Íslands sannfærir alla um að þrátt fyrir tækniundur vísindanna hefur mannkynið ekki enn herradóm jarðarinnar í hendi sér. Heimsókn til Íslands getur líka sannfært gesti um að draumurinn um hið friðsæla og opna lýðræðislega samfélag án ofbeldis og ógna – óskaland heimspekinga og hugsuða allt frá fornum dögum Aþenu og Rómar til nútímans – er ekki óraunhæf óskhyggja heldur lifandi veruleiki á eyju í Norður-Atlantshafi.

Við bjóðum gesti okkar velkomna og vonum að kynni af landi og þjóð verði bæði til ánægju og fróðleiks.

Address

Iceland is a world of adventure and contrast. This creative energy of natural forces is visible at almost every step, and human existence is molded by a rich tradition of democratic discussion, colorful history, and diverse cultural activity.

Some people maintain that the actual size of the population is either a secret or a delusion. How is it possible that a metropolitan area that officially has a population of only about 160,000 can offer in a single week 26 different theatrical performances, 6 art exhibitions, 8 concerts of string groups or choirs, in addition to symphonic concerts and opera performances—and that this rich variety should prevail nearly every week of the year?

How is it possible that in a society officially composed of only 270,000 souls, there should be 2 full-fledged television stations as well as several smaller ones, some 10 radio stations, 3 serious dailies, tens of local newspapers, a great number of magazines, and hundreds of new books annually?

Icelandic society is no less a volcanic area than the country itself. The creative energy of nature is deeply ingrained in the psychological equipment of the people. The Old Testament teaches us that God created the world in six days and then rested. This is not altogether true. Iceland was forgotten when He went to rest. Here the creation of the earth has continued, bringing new mountains, hot springs, transformations of rivers and waterfalls, volcanic eruptions, earthquakes, and the splitting open of glaciers. The higher powers are constantly calling attention to themselves.

A visit to Iceland convinces everyone that despite the technical wonders of science mankind is in not yet in command of the earth. A visit to Iceland can also convince the visitor that the dream of a peaceful and democratic society without violence and threats—the utopia of philosophers and thinkers from the ancient times of Athens and Rome to modern times—is not unrealistic wishful thinking, but a living reality on an island in the North Atlantic.

We bid our visitors welcome and hope that their acquaintance with the country and people will be both pleasant and informative.

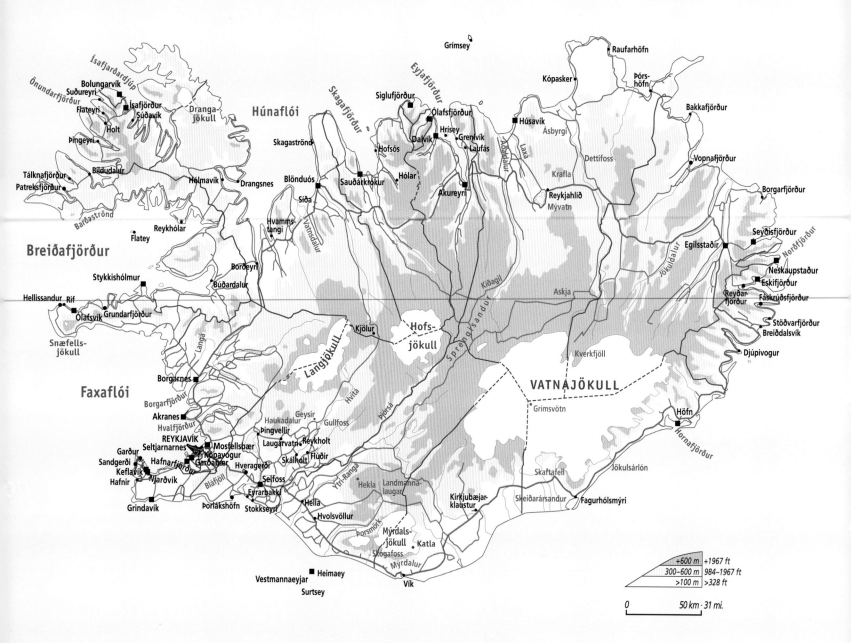

Önundarfjörður
Ísafjarðardjúp
Bolungarvík
Suðureyri
Flateyri
Ísafjörður
Súðavík
Þingeyri
Holt
Tálknafjörður
Bíldudalur
Patreksfjörður
Dranga-jökull
Húnaflói
Skagafjörður
Grímsey
Eyjafjörður
Raufarhöfn
Þórs-höfn
Kópasker
Siglufjörður
Bakkafjörður
Ólafsfjörður
Húsavík
Ásbyrgi
Dalvík
Hrísey
Grenivík
Laufás
Skagaströnd
Hofsós
Dettifoss
Vopnafjörður
Hólmavík
Drangsnes
Blönduós
Sauðárkrókur
Hólar
Krafla
Síða
Hvamms-tangi
Vatnsdalur
Akureyri
Reykjahlíð
Mývatn
Borgarfjörður
Breiðafjörður
Reykhólar
Flatey
Borðeyri
Búðardalur
Seyðisfjörður
Egilsstaðir
Norðfjörður
Neskaupstaður
Eskifjörður
Reyðar-fjörður
Fáskrúðsfjörður
Stykkishólmur
Kiðagil
Askja
Hellissandur
Rif
Ólafsvík
Grundarfjörður
Langá
Kjölur
Hofs-jökull
Sprengisandur
Jökuldalur
Kverkfjöll
Stöðvarfjörður
Breiðdalsvík
Snæfells-jökull
Langjökull
Djúpivogur
Borgarnes
VATNAJÖKULL
Faxaflói
Borgarfjörður
Hvítá
Grímsvötn
Akranes
Haukadalur
Geysir
Gullfoss
Hvalfjörður
Þingvellir
Þjórsá
Höfn
REYKJAVÍK
Laugarvatn
Reykholt
Seltjarnarnes
Mosfellsbær
Skálholt
Hornafjörður
Garður
Kópavogur
Flúðir
Sandgerði
Hafnarfjörður
Garðabær
Hveragerði
Keflavík
Njarðvík
Skaftafell
Jökulsárlón
Hafnir
Bláfjöll
Selfoss
Ytri-Ranga
Hekla
Landmanna-laugar
Skeiðarársandur
Grindavík
Þorlákshöfn
Eyrarbakki
Stokkseyri
Hella
Kirkjubæjar-klaustur
Fagurhólsmýri
Hvolsvöllur
Þórsmörk
Myrdals-jökull
Katla
Heimaey
Skógafoss
Myrdalur
Vestmannaeyjar
Surtsey
Vík

+600 m	+1967 ft
300–600 m	984–1967 ft
>100 m	>328 ft

0   50 km · 31 mi.

See page 142 for map of Reykjavík

To the Reader

Excellent grammars are available to serious students of Icelandic. *Iceland Today* is intended to serve as a supplemental reader, providing a look at daily language as it is written by and for Icelanders themselves. The material comprising *Iceland Today*, both written and illustrative, is drawn from Morgunblaðið, all but one item having appeared within the last five years. The one exception is "Polar Bear on a Visit," which I read in April 1968, during a year I was spending in Reykjavík with my mother. It is an article I never forgot.

Iceland Today offers an insight to daily life in this northern land that is not usually possible to glimpse from abroad, a personal look at public events, a look at what makes life in Iceland unique, what makes it a part of the global community. Selection of articles in these areas was primarily based on vocabulary that would give students of the language a good opportunity to learn new words and phrases in the context of short pieces rather than counting solely on memorization of grammar. Although some sectors have seen rapid growth since this book was conceived, especially in business and travel services, most of the items are quite timeless, being matters of daily or annual events, firsts, and records. Another equally important factor for selection was the photograph, Iceland's professionals and amateurs alike furnishing a wonderful picture of their country. All contributors to *Iceland Today* have provided a rich resource of material that is sure to whet the appetites of its readers, whether for linguistic reasons, culture, or heritage.

Each of *Iceland Today*'s twelve chapters has a brief introduction and endnotes that expand various points of interest; a bibliography and list of Web links to Iceland is also included. It should be noted that although some of the texts are extracts of longer articles and, in a very few instances, photographs have been replaced when originals could not be found, every effort was made to reproduce the material in *Iceland Today* as it originally appeared. In addition, because the purpose of the translations was to keep as close to the tone of the original Icelandic as possible, they should not be relied upon for strict grammatical accuracy.

As a brief introduction to the language for those completely unfamiliar with Icelandic pronunciation, you should know that in addition to the 33 letters of the Icelandic alphabet there are several diphthongs, not all of which have exact equivalent sounds in English. As you read through the texts, however, the following, admittedly over-simplified key, may be of some use:

ð	**th**is	í/ý	gr**ee**n	æ	**i**ce
þ	**th**ink	ó	v**o**gue	au	c**oi**n
á	**ou**ch	ú	sh**oe**	ei	l**a**te
é	**ye**t	ö	t**ur**n	ey	w**ay**

For the support and assistance they have provided, I would like to thank The Leifur Eiríksson Millennium Commission, the Ministry of Education, Science and Culture, President Ólafur Ragnar Grímsson, Margrét Kr. Sigurðardóttir, Margrét Jónsdóttir, Dagný Kristjánsdóttir, Jón G. Friðjónsson, Svavar Sigmundsson, Þóra Björk Hjartadóttir, Sigríður Þorvaldsdóttir, María Anna Garðarsdóttir, Auður Einarsdóttir, Ragnheiður Ólafsdóttir, Ragnheiður Kjærnested, Gro Tove Sandsmark, Þórarinn Hjartason, Gyrðir Elíasson, Ísak Harðarson, Ásbjörg Hjálmarsdóttir, Tammy Axelsson, Sharon Thordarson, Viðar Böðvarsson, Garðar Þórhallsson, E. E. W. Dodds, A. S. W. Dodds, and Jörundur Guðmundsson. I thank too, Sigurður A. Magnússon for retaining the warmth of Icelandic in his translation, and Gabriele Stautner for her devotion to design. I extend special thanks to Morgunblaðið and to all of the wonderful contributors who made this book possible.

M. E. Kentta
Reykjavík, 2000

[1] Þá og nú

Then and Now

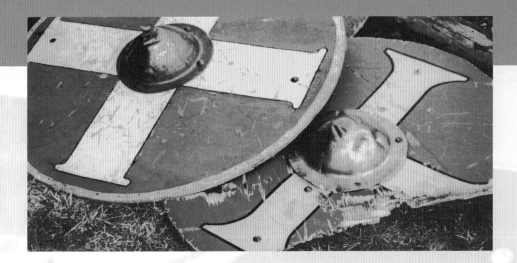

Modern Icelanders can be as full of adventure as any of
their ancestors, whether working to recapture the past
or out to conquer new territories. But at all times, one
of the strongest connectors of past and present is the
Icelanders' love of their horse—once vital to their
survival, now part of their spirit.

NÚTÍMAVÍKINGAR

Í fótspor forfeðranna

Íslendingar hafa löngum státað af því að vera afkomendur víkinga þótt vissulega megi deila um hversu miklir sægarpar forfeður vorir voru í raun. Engu að síður er það skemmtileg tilfinning að setja sig í spor þeirra sem sigldu yfir hafið og námu hér land á sínum tíma og það geta menn vissulega gert með því að taka sér far með víkingaskipinu Íslendingi í Reykjavíkurhöfn og sigla á því um sundin blá.

Það má með sanni segja að Gunnar Marel Eggertsson, formaður á víkingaskipinu Íslendingi og skipasmiður í fjórða ættlið, hafi fetað í fótspor forfeðra sinna þegar hann valdi sér starfsgrein. [1]

vera í víking [2]
. . . .
be at sea
. . . .
auf See sein

Brúðkaup að hætti víkinga

Stefanía Ægisdóttir og Dennis Robert Lee voru gefin saman að heiðnum sið á gamlársdag. Jörmundur Ingi allsherjargoði gaf þau saman í Freyjuhofi í Fjörukránni og er þetta fyrsta hjónavígsla sem þar fer fram. Guðný, móðir brúðarinnar, er ánægð með brúðkaupið.

„Mér finnst þetta allt í lagi," segir hún. „Þetta var hátíðlegt og Jörmundur Ingi gerði þetta mjög fallega. Farið var fram á góð áheit og þau lofuðu hvort öðru miklu. Ég er opin fyrir öllum trúarbrögðum og mér finnst engin ein trúarbrögð betri en önnur."

Hún segir að nýgiftu hjónin hafi bæði mikinn áhuga á fornri menningu og hugmyndin hafi líklega kviknað með þeim hætti. Eftir athöfnina var haldin veisla fyrir nánustu vini og fjölskyldu og stóð hún til rúmlega þrjú um daginn. Í veislunni var boðið upp á þorramat og mjöð. Um kvöldið snæddu brúðhjónin kvöldverð hjá foreldrum brúðarinnar og nokkru eftir miðnætti fóru þau svo í svítuna á Hótel Esju og eyddu nóttinni þar. [3]

Miðaldamatur og guðaveigar

Þjóðlegir réttir eins og þeir voru á borð bornir á sautjándu öld dúkkuðu upp á Fjörukránni nýverið. „Þetta var náttúrlega nútíma útfærsla á þessum réttum, en notast var við hráefni sem hefur verið fyrir hendi hérlendis frá örófi alda," segir Jón Daníel Jónsson, yfirkokkur. „Þetta var lokapunktur námskeiðs sem haldið var á vegum Fræðsluráðs hótel- og veitingagreina og þemað var íslenskur matur og íslensk matreiðsla.

„Einn rétturinn er algjör miðaldaréttur," segir Jón Daníel. „Hann er reyndar ættaður frá Evrópu og nefnist höfðingjasósa, – það er krydduð köld sósa. Einnig vorum við með rétti úr sviðum, sem við gerðum tilraunir með. Við djúpsteiktum og gerðum líka sviðapaté. Svo vorum við með súra selshreifa og skötustöppu, sem er gamall vestfirskur réttur, súrsuðum gellur og loks gerðum við eldgamla uppskrift að laufabrauði úr Svarfaðardal sem er svolítið öðruvísi en það laufabrauð sem við þekkjum."

Á uppákomunni var fjölmiðlafólk og forsvarsfólk í bændahreyfingunni, menntamálum, sjávarútveginum og ferðaþjónustunni. [4]

Víkingar lágu í valnum

Víkingahátíð hófst í gær á Víðistaðatúni í Hafnarfirði. Forseti Íslands opnaði hátíðina formlega klukkan 16 og að því loknu fengu gestir sýnishorn af dagskrá hátíðarinnar næstu fimm daga.

Gengið var að vígvelli þar sem víkingar börðust til síðasta manns og sýndu mikla leikni og tilþrif. Áhorfendur klöppuðu þeim lof í lófa og voru ánægðir þrátt fyrir rigningu sem hófst tímanlega að íslenskum sið. Því næst afhenti sigurvegari orrustunnar forseta Íslands, Ólafi Ragnari Grímssyni, glæsilegt víkingasverð og glímukappar stigu fram og sýndu íslenska glímu. Hestar og leikhópar voru á svæðinu og rímur voru kveðnar.

Á svæðinu er búið að slá upp víkingatjöldum þar sem ýmis varningur er seldur. Kjötkrokkar voru grillaðir á opnum eldi og gátu hátíðargestir hvort sem er gætt sér á kjötinu eða þurrkuðum þorskhausum. [6]

Víkingar á Þingvöllum

Víkingar á Víkingahátíð skunduðu til Þingvalla í gær og héldu sérstakt „hátíðarþing" að viðstöddum Ólafi G. Einarssyni, forseta Alþingis. Hér njóta víkingafeðgar frá Danmörku verunnar á Þingvöllum. Ungi sveinninn heitir Halfdan og gaf faðir hans þá skýringu á nafninu, að sonurinn væri aðeins hálfur Dani, móðirin væri sænsk. Víkingahátíðinni lýkur í kvöld, sunnudagskvöld, með bálför, þar sem eldur verður borinn að átta metra langri eftirlíkingu víkingaskips, að heiðnum sið. [5]

ævintýri

Ætla að klífa Everest

Þrír Íslendingar, Björn Ólafsson, Einar K. Stefánsson og Hallgrímur Magnússon, stefna að því að verða fyrstir Íslendinga til að klífa Everest, hæsta fjall veraldar. Ferðin verður farin næsta vor og stefna þeir að því að ná tindinum á tímabilinu 5.-15. maí. [9]

Jakinn klifinn

Björgunarsveitarmenn voru fyrir skömmu við æfingar í ísklifri á ísjökum í farvegi Gígju á Skeiðarársandi. Var myndin tekin við það tækifæri en ekki við egypska píramíta eins og ætla mætti við fyrstu sýn. Búist er við miklum straumi ferðamanna á sandinn nú þegar vegurinn yfir hann hefur verið opnaður og er rétt að brýna fyrir ferðafólki að fara varlega. [7]

Everest-farar sæmdir bronskrossi

Everest-fararnir Hallgrímur Magnússon, Einar K. Stefánsson og Björn Ólafsson, sem allir eru skátar, voru sæmdir bronskrossi, heiðursorðu skátahreyfingarinnar á „Sólarsömbu"-móti Skátasambands Reykjavíkur að Úlfljótsvatni um helgina.
Afrek Hallgríms, Einars og Björns verður lengi í minnum haft og er hvatning öllum þeim sem stefna hátt, eins og fram kom í frétt frá skátum vegna heiðursorðuafhendingarinnar. Júlíus Aðalsteinsson, félagsmálafulltrúi Bandalags íslenskra skáta, sagði fáa skáta hafa fengið bronskrossinn, sem er sú orða sem veitt er fyrir persónuleg afrek. Silfurkross er veittur þeim sem bjargar lífi annars og gullkross þeim sem leggur líf sitt í hættu við björgun mannslífa. [10]

lífið er ævintýri [8]
. . . .
life is an adventure
das Leben ist ein Abenteuer

www.svfi.is

9.000
m.y.s.   Everestfjall, 8.848 m

8.500   Lhotse, 8.501 m
Cho Oyu, 8.201 m   South Col

8.000   Búðir 4, 7.955 m

7.500   Búðir 3, 7.468 m

7.000

6.500

Búðir 2, 6.492 m
6.000

El'brus, 5.652 m
5.500
Lobujya, þorp efst í Himalaya- fjöllum, 5.000 m   Mont Blanc, 4.808 m
5.000

4.500

Namche Bazar, Skerpabær í Himalayafjöllum, 3.700 m
4.000

3.500

3.000

2.500

Hvannadalshnúkur, 2.119 m
2.000
Herðubreið, 1.682 m
1.500
Katmandu, höfuðborg Nepal, 1.200 m
1.000   Þverfellshorn, í Esju, 770 m
Móðrudalur, 440 m
500
0   Hallgrímskirkja

Göngugarparnir Ingþór Bjarnason sálfræðingur, Haraldur Örn Ólafsson lögfræðingur og faðir hans Ólafur Örn Haraldsson alþingismaður, bragða á ferðamat í plastpokum.

Grænlandsganga hefst á laugardag

Fjórar íslenskar konur stefna að því að verða fyrstar íslenskra kvenna til að fara á gönguskíðum yfir Grænlandsjökul. Ferðalagið, sem er um 600 km, verður farið í lok apríl og er áætlað að það taki fjórar til fimm vikur.

Þær eru sammála um að það sé einkum óbilandi ævintýraþrá sem hafi rekið þær af stað. Þær telja að reynsla þeirra í björgunarsveitum muni vega þungt í ferðinni en án efa muni andlegi þátturinn reyna á þolrifin enda ekki auðvelt að draga þungar vistir og sofa í tjaldi í margar vikur. Um þetta leyti verður frostið yfir daginn á bilinu tíu til 15 gráður en getur farið niður í 27 gráður á nóttunni. Leiðangursmenn ætla að draga vistir á fimm sleðum sem munu vega um 80 kg að meðaltali.

Þær eru nýkomnar úr níu daga undirbúningsferð yfir Vatnajökul en þær stöllur halda til Grænlands á laugardag, þar sem þær ætla að glíma við Grænlandsjökul. [11]

María Dögg Hjörleifsdóttir (t.v.) Þórey Gylfadóttir og Anna María Geirsdóttir hlakka til að fara yfir Grænlandsjökul. Fjórða konan í hópnum, Dagný Indriðadóttir, er nú stödd í Tælandi.

Jólahátíðin haldin á ísnum

Íslendingarnir þrír sem ætla að ganga á Suðurpólinn kynntu ferðaáætlun sína í gær og hófu áheitasöfnun til styrktar Íþróttasambandi fatlaðra með því að gefa sjálfir 250 þúsund krónur. Ýmis fyrirtæki hafa styrkt þá félaga og allt fé sem safnast með áheitum rennur óskipt til ÍSÍ og verður notað til undirbúnings þátttöku í Ólympíumóti fatlaðra í Sydney árið 2000.

Leiðangursmennirnir fljúga af stað til Chile á morgun. Ráðgert er að þeir haldi til Suðurskautsins 8. nóvember. Þeir stefna að því að vera ekki lengur en sextíu daga á göngu. Að sögn Ólafs Arnar verður hamborgarhryggur í jólamatinn á ísnum, en Síld og fiskur gaf hrygginn. [12]

Mörgæsir og mannanna verk

„Það hefur ekki gefist tími í neinn jólaundirbúning, en við sjáum til hvað úr jólunum verður. Að minnsta kosti erum við öruggir með hvít jól," sagði í tölvubréfi á sunnudag frá félögunum Jóni Svanþórssyni og Frey Jónssyni, sem eru á sérbúnum jöklajeppum á Suðurskautslandinu. Þeir verða í Wasa rannsóknarstöðinni um jólin, en undanfarna daga hafa þeir unnið við að ferja búnað og fólk frá ísbrjótnum, sem flutti þá suður á bóginn, að rannsóknarstöðinni. Á akstri sínum um ísbreiðurnar hafa þeir hitt virðulega íbúa svæðisins, mörgæsirnar, sem kippa sér lítt upp við jöklajeppa og önnur mannanna verk. [13]

Íslenskir hestar á CNN

Ötullega er unnið að kynningu og markaðssetningu íslenska hestsins sem margir eru sannfærðir um að séu bestu hestar í heimi, hvorki meira né minna. Nýlega fengu íslenskir hestar veglega umfjöllun á bandarísku sjónvarpsstöðinni CNN sem er fréttastöð fyrst og fremst. Stöðin sjónvarpar sem kunnugt er um allan heim og fylgjast milljónir manna með útsendingum. Efnið var sótt til hins kunna bandaríska íslandshestaaðdáanda Dans Slott, en hann á íslandshestabúgarðinn Millfarm skammt frá New York. Fréttaþulurinn sagði að íslenski hesturinn væri bensinn í hestunum. Hann hafði einnig á orði að þegar maður hefði einu sinni prófað góðan íslenskan hest yrði ekki til baka snúið! [14]

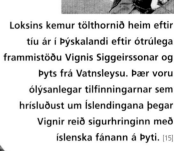

Loksins kemur tölthornið heim eftir tíu ár í Þýskalandi eftir ótrúlega frammistöðu Vignis Siggeirssonar og Þyts frá Vatnsleysu. Þær voru ólýsanlegar tilfinningarnar sem hrísluðust um Íslendingana þegar Vignir reið sigurhringinn með íslenska fánann á Þyti. [15]

Íslenski hesturinn

Snorri Ólafsson, sem er 191 sm á hæð, stendur hér með þá félaga Flosa og Napoleon og sem sjá má er munurinn mikill.

Sá minnsti og sá stærsti?

Íslensk hross hafa farið stækkandi síðustu áratugina og þykir mörgum nóg komið í þeim efnum. Snorra Ólafssyni, hestamanni á Selfossi, áskotnaðist einn vænn í vetur. Sá reyndist vera 164 sentímetrar með bandmáli. Hesturinn, sem hér um ræðir, heitir Flosi og fékk Snorri hann frá Hábæ í Þykkvabænum. Flosi var sýndur í skemmtiatriði á Murneyri um helgina með öðrum hesti örsmáum sem gæti vel verið sá minnsti á landinu.

Sá stutti heitir Napoleon Bonaparte og er í eigu Kolbeins Sigurðssonar, bónda í Skálmholti, og mælist 128 sm á herðar með bandmáli.

Gaman væri að fá úr því skorið hvort hér væru á ferðinni stærsti og minnsti hestur landsins. En til þess þarf að mæla þá með stangarmáli og væntanlega einhverja aðra stóra og litla hesta. [16]

Sprett úr spori

Feðgarnir Einar Örn Grant og Arnar Grant tóku léttan sprett á hestunum Þrándi og Mími á svellinu á Leirutjörninni á Akureyri í vikunni. Þeir feðgar svo og hestar þeirra tóku sig vel út, enda veðrið mjög fallegt, þótt blési nokkuð köldu að sunnan.

Hestur Einars, Þrándur frá Litla-Hvammi, fékk næsthæstu einkunn yfir landið á síðasta ári fyrir byggingu, í flokki fjögurra vetra stóðhesta. Arnar sonur hans sat hestinn Mími, sem er í eigu Lilju Sigurðardóttur, en miklar væntingar eru bundnar við þann hest á komandi Landsmóti. [17]

hestur, um hest, frá hesti, til hests [18]

a horse, about a horse, from a horse, to a horse

ein Pferd, über ein Pferd, von einem Pferd, zu einem Pferd

Salka kastaði tveimur folöldum

Sá fágæti atburður gerðist á bænum Bringu í Eyjafjarðarsveit að hryssan Salka frá Kvíabekk, ættb. nr. 9649, kastaði tveimur folöldum sem bæði lifa og eru spræk. Folöldin sem eru hryssur eru undan Víkingi frá Voðmúlastöðum í Austur-Landeyjum. Hjónin á bænum, Jóna Sigurðardóttir og Sverrir Reynisson óku með hryssuna alla leið suður í Rangárvallasýslu í fyrra og nú er árangur þeirrar ferðar kominn í ljós og verður að teljast mjög góður.

Salka hlaut 7,88 í aðaleinkunn þegar hún var sýnd og er þar af leiðandi nánast við það að ná fyrstu verðlaunum. Geta þau hjón á Bringu því átt von á að eignast í framtíðinni miklar gæðingshryssur. [19]

Íslenski hesturinn

Íslenski hesturinn hefur verið í sviðsljósinu eftir góða frammistöðu knapa og hesta á heimsmeistaramótinu í Noregi sem lauk nýlega og er fjallað um hesta af því tilefni. Hestar eru í ætt hófdýra með sjö tegundir í einni ættkvísl og tilheyra þeim einnig asnar og sebrahestar.

Hestar eru stórvaxnir, háfættir, hálslangir með sívalan bol og stuttan stert sem taglhár vex á en þannig er hestinum lýst í Íslensku alfræðiorðabókinni. Hestar eru flestir snögg- og þétthærðir með fax á makka og á hverjum fæti er ein tá búin hornskó. Til eru fjölmörg kyn af tamda hestinum en hann er talinn kominn af mongólíuhestinum sem taminn var þegar kringum 2000 f.Kr. Íslenski hesturinn, sem ræktaður hefur verið allt frá landnámsöld, er smávaxinn, viljugur og lipur og er oft talinn til smáhesta. Hann er sá eini sem býr yfir öllum fimm gangtegundum hesta, tölti, skeiði, brokki, fetgangi og stökki en þrjár síðastnefndu grunngangtegundirnar er að finna hjá öllum hestum. [20]

www.icelandhorse.com

[1] Þá og nú · Then and Now

Nútímavíkingar · Modern vikings

[1] The Viking ship *Íslendingur* (Icelander), built 1994–96, was designed according to new measurements taken of the famous Gokstad Ship in Oslo, and is considered one of the best reconstructions of that Viking vessel. In addition to treating passengers to old-fashioned voyages around the waters of Reykjavík, *Íslendingur* is also involved in scientific endeavors that trace early Viking voyages to North America (cf. 248).

[3] Fjörukráin in Hafnarfjörður is the only Viking-style restaurant in the greater Reykjavík area (cf. 88n).

[4] Svið: cf. 28, 216.

-Laufabrauð: literally, "leaf bread," a deep-fried, circular dough that has been rolled as thin as possible and cut delicately into specific patterns, is a holiday treat that probably began during grain shortages.

[5] Based in Hafnarfjörður, Víkingahátíð (The International Viking Festival) began in 1995 and is now an annual event (cf. 6).

[6] Klappa lof í lófa: literally, to clap praise in the palm.

-Glíma: cf. 98.

-Rímur: a complex skaldic verse form begun in the 14th century that utilizes alliteration, kennings, and end-rhyme in elaborate 3- and 4-line stanzas. The art is kept alive today in part through Kvæða-mannafélagið Iðunn (cf. 64n; Web links).

-Þorskhausar: cf. 31.

Ævintýri · Adventures

[7] Björgunarsveit: with conditions of every-day life posing a challenge, rescue teams play an important and highly respected role in the lives of Icelanders. Some 4,000 well-trained volunteers serve 110 teams around the country, providing assistance when and wherever needed, from the consequences of natural disasters to sea rescues to locating lost travellers (cf. 11, 25, 32, 81).

[9] The climbers reached the top of Mt. Everest on 21 May 1997, along with three Sherpas and a guide. A blizzard two days before thwarted their first attempt at the peak (cf. 10).

[10] Everest: cf. 9.

[11] The skiers successfully completed their 530 km trip across Greenland on 21 May 1998. The journey took a total of 26 days (cf. 7, 81; 85, 87).

[12] The adventurers reached the South Pole on 1 January 1998 after a 51-day trek; they covered the 1086 km to the pole by averaging 22 km a day.

-Síld og fiskur: literally, herring and fish. Although the name suggests its beginnings, this company, founded a half-century ago, has turned from the sea to meat processing.

[13] The superjeep travellers covered nearly 10,000 km during their three and a half months at the South Pole in 1997–98 (cf. 167n).

Íslenski hesturinn · The Icelandic horse

[15] The tölt horn is the most coveted prize in Icelandic horse competitions.

[16] The height of an average Icelandic horse is 141 cm.

[17] Landsmót is the national gathering of the 48 clubs of the Icelandic horse, now held every two years. Due to quarantine restrictions, only domestic horses may compete (cf. 19n).

[18] hestur, um hest, frá hesti, til hests: often the first declination learned by students of Icelandic!

[19] ættbr. nr: ættbóka númer: the number assigned to a horse for breeding purposes. Begun in 1901, this numbering system was dropped in 1996 in favor of a horse's birth number, which is assigned upon request.

-einkunn: the points awarded during annual meets, determined by such factors as appearance, gaits, and rider. Points are awarded at Landsmót as well as other regional meets held annually (cf. 17n).

[20] Heimsmeistaramót (World Champion-ship of the Icelandic Horse): a biannual competition held by member countries of the European Association of the Icelandic Horse (FEIF) but, due to quarantine restrictions, never in Iceland. Horses from Iceland travelling to the competition are not allowed to return (cf. 17n).

Iceland is rapidly increasing its presence in international markets, from advances in the all-important fishing industry to global airlines to major breakthroughs in high technology—but with one of the world's highest per capita computer usage and a drive for quality and innovation, it's hardly surprising!

Íslenskur tilraunasportbíll á erlendan markað?

Félagarnir Gunnar Bjarnason og Theodór Sighvatsson, sem eru að smíða tilraunasportbíla, telja hugsanlega raunhæft að smíða slíka bíla hérlendis og selja á erlendan markað. Þetta er þó aðeins tilraun og segir Gunnar að það komi vart í ljós fyrr en um mitt ár hversu raunhæf hún sé.

„Við höfum unnið við hönnun og smíði síðustu tvö árin, tekið í þetta frítíma okkar, svona eins og hægt hefur verið frá daglegum störfum og fjölskyldunni," segir Gunnar. Hann leggur áherslu á að þeir félagar séu ekki að finna upp hjólið, hugmynd þeirra sé að smíða brúklegan sportbíl og sé hönnun hans miðuð út frá ökumanninum sjálfum og örygginu.

Bíllinn er nefndur Adrenalín og er tveggja manna, með löngu vélarrúmi og stuttu og lágu húsi. „Þetta er bíll sem náð getur 150-180 km hámarkshraða en þá fer loftmótstaðan að gerast erfið enda er byggingarlag hússins ekki beint straumlínulagað," segir Gunnar. „Hins vegar er hann snöggur í 90 km hraða enda gerum við ráð fyrir sex strokka, 2,8 lítra og 300 hestafla vél með tveimur forþjöppum."

Í dag segir Gunnar að verð bílsins sé 3,2 milljónir króna. Hægt er að fá hann talsvert breytilegan hvað vél og ýmsan búnað varðar. [21]

Sprenging í sölu á jólaljósum

Mikil söluaukning hefur orðið á jólaljósum og jólaskreytingum af öllu tagi fyrir þessi jól og eru slíkar vörur víða á þrotum í verslunum. Talið er að snjóleysi hafi m.a. hvetjandi áhrif á sölu jólaljósabúnaðar. Mikil þróun hefur orðið í jólaskreytingum hérlendis á síðastliðnum árum að sögn Hauks Þórs Haukssonar, kaupmanns í Borgarljósum hf. við Ármúla. Segir hann að þetta eigi einkum við um jólaskreytingar utanhúss, jafnt hjá einstaklingum sem fyrirtækjum. „Þessi siður hefur líklega borist til Íslands frá Norður-Ameríku og er nú orðinn fastur í sessi hér. Það hefur vafalaust hvetjandi áhrif að ljósabúnaðurinn er nú almennt orðinn miklu ódýrari en áður." [22]

Ísland á seðlinum

Ísland er nú sýnt á Evrópukorti því sem mun skreyta seðla, sem gefnir verða út í evru, væntanlegum gjaldmiðli Evrópusambandsins. Á fyrstu tillögunni að útliti seðlanna, sem kynnt var í desember sl., vantaði Ísland á kortið. Í gær kynnti Peningamálastofnun Evrópu í Frankfurt (EMI) hins vegar endurskoðaða útgáfu af seðlunum og hefur Íslandi og Tyrklandi verið bætt inn á kortið.

Á seðlunum eru myndir af brúm, hliðum og gluggum, sem eiga að vera táknrænar fyrir samstarf Evrópuríkja. Á nýju útgáfunni hafa myndirnar verið einfaldaðar til þess að ekki sé hægt að tengja þær við ákveðin mannvirki í einstökum ríkjum. [23]

www.chamber.is

VIÐSKIPTI

Lúxusþota til leigu hjá Atlanta

Flugfélagið Atlanta hefur tekið við rekstri lúxusbreiðþotu af gerðinni Boeing 747. Þotur af þessari stærð rúma venjulega um 480 farþega en eins og hún er innréttuð rúmar hún tæplega 100 farþega. Leigan á þotunni er 20 þúsund dollarar á klukkustund eða um 1,4 milljónir íslenskra króna.

Meðal þeirra sem hafa nýtt sér þjónustu vélarinnar er fjölskylda soldánsins af Brunei, Bill Gates eigandi Microsoft, ýmsar ríkistjórnir og Michael Jackson. [24]

það reddast [26]
....
it will all work out
das kriegen wir alles hin

Árrisulir safnarar

Tveir duglegustu safnararnir í þorpinu, þeir Tómas Logi og Rúnar Þór. Þeir tóku daginn snemma og að söfnun lokinni röðuðu þeir birgðunum upp svo vel mætti sjá hve duglegir þeir eru.

Óvenju miklu var skotið upp af flugeldum í Grundarfirði um þessi áramót. Flugeldabirgðir Slysavarnafélagsins voru því sem næst keyptar upp og á miðnætti logaði himinninn yfir þorpinu og stundum mátti sjá sex sólir á lofti.

Þeir sem vöknuðu snemma á nýársdag og litu út um gluggann komu auga á krakka, sem voru að snuðra inni í görðum, í húsasundum og jafnvel uppi á þökum, í leit að útbrunnum flugeldum, blysum og öðru dóti sem tengist sprengingum áramótanna. Börnin líta á þetta dót sem mikinn fjársjóð og oftast nær er tilgangurinn með söfnuninni ekki sá að hreinsa upp ruslið og fegra þar með umhverfið heldur að safna meira dóti en hinir. [25]

Íslenskt í sviðsljósinu

Þriðji hver aðspurðra í könnun átaksins *Íslenskt, já takk*, velur íslenska vöru beinlínis vegna hvatningar frá átakinu. Könnunin var gerð fyrr á þessu ári og þar kemur einnig fram að þeim hefur fjölgað um 10% milli ára sem vísa beint til átaksins. Þá hafa endurteknar kannanir ÍM-Gallups leitt í ljós að vel yfir 90% neytenda telja íslenska vöru betri eða jafngóða erlendri vöru.

Slagorð í haust er *Íslenskt, já takk, ég kaupi það!*, en átakið er nú að hefjast í fjórða skipti. Áhersla er lögð á að benda neytendum á að með kaupum á innlendri vöru geri þeir góð kaup um leið og þeir styrki atvinnulífið í landinu. Í frétt frá Samtökum iðnaðarins segir að átakið hafi vakið mikla athygli og góður árangur þess hafi orðið til þess að samstarf aðila vinnumarkaðarins um kynningarátakið, sem upphaflega átti aðeins að standa út árið 1993, sé enn í fullum gangi. [27]

Skötusala hefur aukist ár frá ári

Skötusalan hefur farið vel af stað fyrir jólin og sífellt fleira ungt fólk er í hópi kaupenda, segir Vilhjálmur Hafberg, fisksali í Gnoðarvogi.

„Það er mest miðaldra og gamalt fólk sem kaupir hana, en hún er líka vinsæl hjá yngra fólki. Oft koma menn saman í 8-10 manna hópum til að borða hana. Aðrir fara bara heim til mömmu eða tengdamömmu og fá sína skötu þar," segir Vilhjálmur.

Vilhjálmur segir að flestir sjóði skötuna og hafi hamsa með. „Sumir nota vestfirðing, vestfirskan hnoðmör. Það er algengast hjá eldra fólki og þeim sem aldir eru upp við þennan sið."

Sífellt verður algengara að skatan sé soðin og búin til stappa. „Hún er steypt í form og borðuð köld, skorin niður í sneiðar ofan á rúgbrauð með smjöri, svipað og sviðasulta."

Flestir borða skötuna á Þorláksmessu, en sumir flýta þó máltíðinni til að losna við lyktina fyrir jólin. „Margir leysa reyndar málið bara með því að sjóða hangikjötið beint á eftir skötunni eða setja negulnagla og edik í pott og sjóða. Þá kemur kryddkeimur í húsið og dregur úr skötulyktinni." [28]

Með fullfermi úr 2 tíma róðri

Rafn Oddsson, sem sagður er elsti skipstjóri við Ísafjarðardjúp, gerði það gott á fyrsta degi innfjarðar-rækjuvertíðarinnar í Djúpinu í gær. Eftir tveggja klukkustunda róður kom Rafn að landi með fullfermi, 3,5 tonn af rækju eftir þrjú höl. Rafn, sem er 71 árs, rær við annan mann, Ólaf Halldórsson háseta, á Halldóri Sigurðssyni ÍS13 og á 40 tonna rækjukvóta. Gangi vertíðin jafnvel og í gær þarf hann um það bil 12 róðra til að klára kvótann en lög leyfa ekki að menn rói eftir rækjunni oftar en einu sinni á dag. [29]

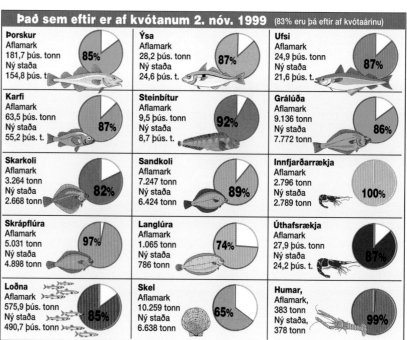

Það sem eftir er af kvótanum 2. nóv. 1999 (83% eru þá eftir af kvótaárinu)

Þorskur Aflamark 181,7 þús. tonn Ný staða 154,8 þús. t. — 85%	**Ýsa** Aflamark 28,2 þús. tonn Ný staða 24,6 þús. t. — 87%	**Ufsi** Aflamark 24,9 þús. tonn Ný staða 21,6 þús. t. — 87%
Karfi Aflamark 63,5 þús. tonn Ný staða 55,2 þús. t. — 87%	**Steinbítur** Aflamark 9,5 þús. tonn Ný staða 8,7 þús. t. — 92%	**Grálúða** Aflamark 9.136 tonn Ný staða 7.772 tonn — 86%
Skarkoli Aflamark 3.264 tonn Ný staða 2.668 tonn — 82%	**Sandkoli** Aflamark 7.247 tonn Ný staða 6.424 tonn — 89%	**Innfjarðarrækja** Aflamark 2.796 tonn Ný staða 2.789 tonn — 100%
Skrápflúra Aflamark 5.031 tonn Ný staða 4.898 tonn — 97%	**Langlúra** Aflamark 1.065 tonn Ný staða 786 tonn — 74%	**Úthafsrækja** Aflamark 27,9 þús. tonn Ný staða 24,2 þús. t. — 87%
Loðna Aflamark 575,9 þús. tonn Ný staða 490,7 þús. tonn — 85%	**Skel** Aflamark 10.259 tonn Ný staða 6.638 tonn — 65%	**Humar,** Aflamark 383 tonn Ný staða, 378 tonn — 99%

[30]

Þorskhausar til Þorlákshafnar

Öllum þorskhausum sem fundust í fiskvinnslustöð í Reykjavík var safnað saman á föstudag, þeir settir á vörubílspall og ekið austur til Þorlákshafnar. Þar munu þeir hanga næstu vikurnar. Að því búnu taka þeir sér væntanlega far suður á bóginn um borð í flutningaskipum, áður en þeir verða fæða Afríkubúa. [31]

peningalykt [33]
the smell of money
der Geruch des Geldes

af sjónum

Grásleppur tvær

Enn eru nokkrar vikur í grásleppuvertíðina. Það er jafnan ekki fyrr en í febrúar eða mars sem grásleppan fer að hrygna á grunnslóð og grásleppukarlar leggja fyrir hana net. En hrognkelsin, sem bókin Íslenskir fiskar segir að haldi sig á reginhafi hluta úr árinu en komi upp á grunnmið til að hrygna síðari hluta vetrar og fyrri hluta vors, eru farin að nálgast hrygningarstöðvarnar. Grásleppurnar tvær sem horfast í augu á myndinni komu í nótina hjá Kára Guðbjörnssyni og félögum hans á Aðalbjörgu 2 RE. [34]

Skipin bundin við bryggju

Flest skipin í íslenska fiskveiðiflotanum voru komin til hafnar um kvöldmatarleytið í gær. Samkvæmt upplýsingum Tilkynningarskyldunnar voru skráð skip á sjó um 60 talsins að meðtöldum smábátum og fraktskipum um hádegið í gær en um kvöldmatarleytið voru þeir um 20. Í fyrradag áður en verkfall sjómanna hófst voru hins vegar um 260 skip á sjó þegar flest var um hádegisbilið. Í Grindavík þar sem þessi mynd var tekin í gærdag voru skipin að tínast til hafnar líkt og annars staðar og viðbúið er að víða verði þröngt í höfnum landsins þegar allur flotinn verður kominn í land. [32]

www.hafro.is

Skurðgrafa inni í húsi

Eigendur þessa gamla húss við Njálsgötu gripu til róttækra aðgerða við endurbætur á húsinu. Heilli gröfu var komið fyrir inni í húsinu og mokaði hún upp úr grunninum. Til að koma henni inn í húsið þurfti að opna hliðina á því og eins og nærri má geta vakti það athygli vegfarenda. Stefnt er að því að auka nýtingu á húsinu með því að dýpka grunninn og koma þar fyrir heilli hæð. [35]

Stórt A á Flateyri

Snjóflóðagarðar mynda stórt A í fjallshlíðinni ofan við Flateyri. Þeir eru myndaðir úr tveimur leiðigörðum sem eiga að leiða hugsanleg snjóflóð fram hjá byggðinni og í sjó fram og milligarði sem tengir þá saman. Garðarnir eru alls um 1.550 metrar að lengd. Þeir eru gríðarlegt mannvirki, eins og sést á þessari loftmynd, 15–20 metra háir og 45–60 metra breiðir. Í þá fóru alls um 600 þúsund rúmmetrar af efni sem tekið er úr fjallshlíðinni. Á næstu mánuðum verður unnið við uppgræðslu garðanna og umhverfis þeirra. [36]

Leifar af eldri torfvegg fundust

Fornleifafræðingar Þjóðminjasafnsins eru byrjaðir að rannsaka rústir Eiríksstaða í Haukadal, þar sem Eiríkur rauði bjó og Leifur heppni er talinn fæddur.

Guðmundur Ólafsson og Ragnheiður Traustadóttir vinna að uppgreftrinum sem Eiríksstaðanefnd Dalabyggðar kostar. Tilgangur rannsóknanna er að kanna hvort eitthvað sé eftir af mannvistarleifum í tóttinni, til dæmis hvort þar séu eldri byggingar undir þeirri sem sést og rannsökuð var í lok síðustu aldar og í byrjun þessarar.

Einnig er ætlun þeirra að reyna að ganga úr skugga um það hvað húsið er gamalt, hvað það hefur verið stórt og til hvers það hefur verið notað. Fornfræðingar sem áður hafa grafið í rústirnar hafa talið það vera skála og séð leifar af langeldi eftir honum miðjum og eldstæði í báðum endum. Guðmundur og Ragnheiður eru að taka þversnið af skálanum og sést langeldurinn greinilega. Þau telja sig einnig hafa fundið eldri torfvegg utan sýnilegra tófta sem ekki hafi verið rannsakaður við fyrri athuganir. [37]

Sandkastalar byggðir í Holti

Rúmlega 340 manns mættu til hinnar árlegu sandkastalakeppni í Holti í Önundarfirði sem haldin var á laugardag. Aldrei hafa jafn margir mætt til keppninnar og að þessu sinni voru byggðir 75 kastalar á móti 49 í fyrra.

Dumbungsveður var á meðan á keppninni stóð og varð margur þátttakandinn blautur og kaldur. Veðrið var hins vegar hið besta til byggingarstarfsins. Veitt voru verðlaun fyrir þrjá bestu kastalana og aukaverðlaun fyrir hugmyndaflug. [38]

Könnun sem unnin var fyrir Byggðastofnun sýnir að fólk sem flutti til höfuðborgarsvæðisins frá landsbyggðinni árin 1992-1996 telur að búsetuskilyrði sín hafi batnað. Þau atriði sem mestu máli skiptu varðandi flutninga voru húsnæðismál, menning og afþreying, samgöngumál og verslun og þjónusta. [40]

BYGGT OG BÚIÐ

Kofi fyrir heimalninginn

Ingvar Þórðarson í Reykjahlíð byggði fyrir skömmu lítinn kofa yfir heimalninginn sinn hann Hall. Móðir Halls, sem er tveggja vetra, fékk júgurbólgu í annað júgrið í vor og varð að taka annað lambið undan. Eigandi Halls, hún Sigríður Sóley Sveinsdóttir sonardóttir Ingvars, sá svo um að gefa honum mjólk úr pela. Að sögn Ingvars vandist Hallur aðallega á að nota kofann sinn þegar rigndi.

Hallur heimalningur er af hreinræktuðu forystukyni sem er aðallega ræktað í Þingeyjar- og Árnessýslu. Þetta eru oftast mislitar kindur, rýrara en annað sauðfé, vitrar, og með mikla forystuhæfileika. Hallur verður gerður að vaninhyrndum forystusauð. [39]

Mátturinn og dýrðin í Næpuna

Auglýsingastofan Mátturinn og dýrðin hefur keypt Næpuna, sögufrægt hús á horni Skálholtsstígs og Þingholtsstrætis í Reykjavík. Átti auglýsingastofan hæsta tilboð í húsið. Tilboðsupphæðin var rúmar 26,2 milljónir króna. Alls bárust 15 tilboð í húsið.

Auglýsingastofan flytur starfsemi sína í húsið og fleiri fyrirtæki munu einnig fá þar inni en auk þess verður hluti hússins notaður sem íbúðir. Næpan var upphaflega byggð sem íbúðarhús en síðast hafði Menningarsjóður þar aðsetur.

Húsið er tæplega 500 fermetrar að stærð, kjallari, tvær hæðir og ris. Samkvæmt upplýsingum Morgunblaðsins hafa Ríkiskaup tekið tilboðinu fyrir hönd ríkisins en ekki er þó búið að ganga frá kaupsamningi. Búist er við að það verði gert næstu daga og húsið þá afhent nýjum eigendum. [41]

www.hagstofa.is

[2] Atvinnulíf · Work Life

Viðskipti · Business

[22] Jólaljós: cf. 102.

[24] Air Atlanta Icelandic is one of Iceland's two major international airlines.

[25] Slysavarnafélag (National Life Saving Association) has recently joined with Landsbjörg, the national association of rescue teams; 70% of all fireworks in Iceland are sold to the public as the main fundraising effort of Landsbjörg, in cooperation with the Scouts; sports clubs claim much of the remaining sales. The largest fireworks are restricted to professional supervision, but smaller fireworks are sold in quantities limited only by the amount of money a person is willing to spend—which makes for loud and colorful entries to the New Year! (cf. 7, 11, 81, 190, 193)

[26] Það reddast: a popular phrase used especially by people starting a new project—particularly if they are the only ones to believe in it!

Af sjónum · From the sea

[28] The custom of serving skate on St. Þorlákur's Day began in the West Fjords, where the fish is readily available in the winter. St. Þorlákur has two feast days: the day of his death, 23 December (A.D. 1198), and 20 July, to commemorate the exhumation of his bones in 1237 to a requilary. Known for piety and his ascetic life, Þorlákur was recognized as Iceland's patron saint by Pope John Paul II in 1985 (cf. 4; 195, 271).

[30] Fishing quotas, which are distributed free by the government and can be bought and sold by their holders as desired, are controversial and are under constant review.

[31] Cod heads are commonly found around the country hanging out-of-doors on special wooden racks to dry; they are later collected to make fish meal (cf. 6, 219).

[32] Tilkynningaskylda: a.k.a. ICEREP, is the safety network for Icelandic vessels in national waters. All ships now have computer communications with ICEREP, utilizing a new Icelandic technology that is unique in the world (cf. 25n).

-Although strikes are relatively uncommon in Iceland, the nation's fishermen went on strike in February 1998 to protest the formulation of fish prices.

[33] Peningalykt: the "smell of money" refers to the distinctive odor that can settle over a town as fish is being processed, fish being a major source of income.

[34] Grásleppur: the term that refers to the female of the family lumpfish (hrognkelsi); rauðmagi refers to the male.

Byggt og búið · Building and living

[35] Because Icelandic primarily builds on existing words, there are some interesting match-ups, e.g., skurð (to cut) + grafa (to dig) = skurðgrafa (excavator); while skurð + læknir (doctor) = skurðlæknir (surgeon) (cf. 237n).

[36] This protective wall was built to safeguard the town against future disasters, following a tragic avalanche in 1995; it has proven successful.

[37] Eiríkstaðanefnd Dalabyggðar: literally, the Eiríkstaðir Committee of Dalabyggð, but its official name in English is the Leifur Eiríksson Heritage Committee of Dalabyggð (cf. 90n, 94).

-Leifur heppni: cf. 94, 224.

[38] This competition began in 1994 as one event of a get-together of families from Ísafjörður. Its immediate success led to it becoming an annual event held on the Saturday of Verslunarmannahelgi (cf. 75n, 145n). Everyone is welcome—one year a family visiting from England took home the championship!

[39] This special breed of Icelandic sheep is renowned for its intelligence and ability to lead and herd its flock.

[40] In 1950, 45% of the population lived in the capital area; today that figure is 62%.

[41] Næpan: literally, The Turnip. This distinctive house was built in 1903 and remained a private residence until 1959, when it was purchased by the State. It reverted to private use in 1998.

[3]
Náttúra
Nature

Iceland boasts some of the most variable weather patterns on the

globe, rain to sun to snow in a matter of minutes—not to

mention the often-present wind! But all of this unpredictability

has its positive side, for it was this same nature that sculpted

Iceland's unforgettable landscape, and which daily affords

spectacular "sky lights," both day and night.

Ilmandi þvottur

Steinunn Sigurðardóttir hefur búið í sex áratugi í Garði og á þessari snúru hefur hún þurrkað bleyjur af 7 börnum og tveimur barnabörnum. Hún segir að allt annar ilmur komi í þvottinn sé hann þurrkaður úti og því notar hún hvert tækifæri sem gefst til að hengja út. [42]

Baða sig í Brunná

Kjarnaskógur iðar af lífi á sólskinsdögum eins og Akureyringar og gestir þeirra upplifðu í gær. Á þessu ári eru 50 ár liðin frá því byrjað var að planta í skóginn og verður þeirra tímamóta minnst í næsta mánuði, en á þeirri hálfu öld sem liðin er frá því byrjað var að gróðursetja tré í Kjarnaskógi hafa vinsældir hans farið ört vaxandi. Margar gönguleiðir eru í skóginum, leikvellir með leiktækjum fyrir börn og þá eru ýmiss konar trimmtæki meðfram trimmbraut. Brunnáin sem rennur í gegnum skóginn er á meðal þess sem hvað mest aðdráttarafl hefur fyrir börnin og á heitum sumardögum eru þau í flokkum að baða sig í henni. [44]

ef veður leyfir

Sumarís með súkkulaði

Þó svo að sólin hafi ekki sýnt landsmönnum neina ofrausn að undanförnu er ástæðulaust að neita sér um ýmislegt það góðgæti er sumri fylgir, svo sem rjómaísinn. Að minnsta kosti mátti lesa það úr svip stúlkunnar sem ljósmyndari Morgunblaðsins rakst á í miðbænum í gær, að með góðum ís undir súkkulaðihjúp væri hægt að gleyma armæðu þeirra sem eldri eru vegna rigningarinnar. [43]

Fyrsti snjórinn í Ólafsfirði

Börnin á leikskólanum Leikhólum í Ólafsfirði voru ekki sein á sér að fara út að leika sér í fyrsta snjónum sem festi á jörð á þessu hausti. Þau voru við leik úti við á þriðjudagsmorgun en eftir hádegismatinn var snjórinn allur á bak og burt, komið fegursta veður, sól og blíða. Á myndinni eru félagarnir Baldvin Orri Jóakimsson og Sveinbjörn Árnason. [45]

Snæfinnur á Akureyri

Það verður mikið um að vera á Akureyri, Ísafirði og víðar um páskana. Á Ráðhústorginu á Akureyri gefur þessi myndarlegi Snæfinnur vegfarendum langt nef og á óskipta athygli yngri vegfarenda. [46]

Tilbúinn snjór á skíðasvæði Ísfirðinga

Líkt og aðrir landsmenn hafa Vestfirðingar lítið orðið varir við snjó það sem af er vetri. Flestir þeirra eru ánægðir með tíðarfarið en aðrir, s.s. skíðaáhugamenn, eru orðnir þreyttir á ástandinu, enda hafa þeir lítið sem ekkert getað stundað skíðin í vetur.

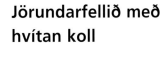

Þrátt fyrir snjóleysið hafa starfsmenn skíðasvæðisins á Seljalandsdal ekki gefist upp og hafa í því sambandi fengið til liðs við sig öfluga vél til framleiðslu á snjó. Hefur vélinni verið beint að þeim stöðum við lyftur svæðisins þar sem þörf er á miklum snjó, með þeim árangri að nú hefur verið hægt að opna svæðið almenningi. [47]

Jörundarfellið með hvítan koll

Kýrnar á Hnjúki í Vatnsdal láta ekki haustsvip náttúrunnar slá sig út af laginu. Hver dagur er þjáningarinnar virði meðan nóg er af bragðgóðri, orkuríkri hánni. En hvað svo sem í hausum kúnna á Hnjúki býr þá er það staðreynd að hlýtt og vætusamt sumar er senn á enda runnið og framundan bíður vetur sem enginn veit hvað ber í skauti sínu. [49]

Köld klæði Hjarðsveinsins

Börn voru að leik við styttuna af Adonis, Hjarðsveininum, eftir Bertel Thorvaldsen við hornið á Fríkirkjuvegi 11 og Skothúsvegi í Reykjavík í gær. Adonis, sveipaður snjóklæðum, horfði íhugull út í fjarskann. Styttan var sett upp árið 1974. Að sögn veðurstofunnar má búast við allhvössum suðaustanvindi og rigningu eða slyddu í borginni síðdegis í dag og hlýnandi veðri næstu daga á landinu. Snjórinn gæti þá horfið á skömmum tíma, alltof snemmt er enn að spá nokkru um rauð jól eða hvít. [48]

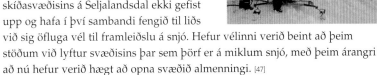

náttúru...

Dimmuborgir standa Íslendingum nærri

Flestir Íslendingar þekkja Dimmuborgir, náttúruperlu í grennd við Mývatn. Dimmuborgir eru mikil undrasmíð frá náttúrunnar hendi. Þær urðu til í miklum eldsumbrotum í Þrengsla- og Lúdentsborgum fyrir 2200 árum síðan. Þessi stórfenglegu umbrot skildu eftir sig hraunborgaþyrpingu sem er magnað að skoða. Hver furðumyndin rekur aðra, hellar, hraundrangar og ýmis konar hraunmyndanir. Einna frægust þessara mynda er Kirkjan svokallaða, risastór hvelfing sem er vinsælt að skoða.

Vegna þess hversu sérstakur þessi staður er hefur mönnum lengi verið mikið í mun að varðveita Dimmuborgir. Þeim hefur hins vegar lengi staðið mikil hætta af foksandi sem berst til þeirra sunnan af öræfum og hefur hluti þeirra kaffærst í áranna rás. [50]

> *það er alltaf logn í skóginum* [51]
> *it's always still in the woods*
> *es ist immer Windstille im Wald*

Jarðhiti hefur gífurleg áhrif á líf okkar hitaveitufólks, sem borðar gróðurhúsaafurðir og baðar sig í heitum pottum. Snorri dýfði sér að vísu í Snorralaug, en í stórum dráttum má segja að allt frá landnámi og fram á þessa öld gátu landsmenn ekki nýtt sér jarðhitann og á sumum jörðum var hann jafnvel talinn til ókosta. [52]

Rannsóknir á gosvirkni Geysis

Ef vatnsborð í Geysi yrði lækkað um hálfan metra gæti hann gosið einu sinni til tvisvar á sólarhring og yrði það lækkað um tvo metra gæti hann gosið á hálftíma til klukkutíma fresti, átta til tíu metra í loft upp.

Árni Bragason, forstjóri Náttúruverndar ríkisins, segir mjög brýnt að frekari rannsóknir verði gerðar á Geysissvæðinu.

„Það er mikill áhugi meðal heimamanna á því að byggja meira og nýta jarðhitann á svæðinu og við verðum að geta svarað þeim hvort það sé óhætt," segir Árni. Til þess að geta tekið ákvarðanir um nýtingu og hugsanleg inngrip sé þekking á hegðun hveranna algert skilyrði. [53]

Borgarísjaki á Eyjafirði

Borgarísjaka rak inn á Eyjafjörð í fyrrinótt og um hádegisbilið í gær var hann kominn inn fyrir Hrólfssker og farinn að nálgast Hrísey. Jakinn var nokkuð stór, með tveimur eins konar turnum og mjög tignarlegur að sjá. Auk þess sáust margir minni jakar á reki í firðinum. Þór Jakobsson á hafísdeild Veðurstofu Íslands segir borgarísjaka upphaflega komna frá skriðjöklum Grænlands. [54]

Fyrsta þangið finnst í Surtsey

Frá því Surtsey gaus 1963 hafa náttúrufræðingar fylgst vel með þróun lífríkisins í og við eyna. Í Surtsey hafa nú fundist um 50 tegundir háplantna, en „landnám" lífríkisins neðansjávar hefur gengið hægar. Ástæða þess er að sandskröpun og sjávarrof hafa tafið verulega uppvöxt gróðursins. Á hverju ári brotnar talsvert úr berginu á suðurströnd eyjarinnar og ströndin færist inn um allt að 50 metra á ári.

Í leiðangrinum í síðustu viku voru sýni tekin af botninum allt frá fjöruborði og niður á 30 metra dýpi. Einnig tóku kafarar þvívíddarmyndir af botngróðri. Um 40% af hörðum botni við eyna eru þakin þörungagróðri og eru kísilþörungar algengastir. [55]

Fjallavötnin fagurblá

Borgarnesi – Við fjallavötnin fagurblá/ er friður, tign og ró./ Í flötinn mæna fjöllin há/ með fannir, klappir, skóg. Þannig orti „Hulda" eða öðru nafni Unnur Bjarklind. Þetta ljóð gæti vel átt við vatnið Háleiksvatn eða Háleggsvatn eins og það er einnig nefnt. Vatnið er í mikilli hæð eða um 539 metrum yfir sjávarmáli, upp af Hraunhreppi á Mýrum. Vatnið finnst mörgum vera dulúðugt. Grjótá fellur úr vatninu niður í Grjótárvatn sem sést grilla í efst til hægri. Í því vatni töldu margir sig hafa séð vatnaskrímsli hér áður fyrr. [56]

...fyrirbæri

Gíll og úlfur á síðasta sumardegi

Óvenjustór rosabaugur myndaðist um sólu á Austurlandi í gær, á síðasta degi sumars. Fyrirbæri þetta var áður fyrr kallað veðrahjálmur eða hjálmabönd af alþýðu manna, að sögn Páls Bergþórssonar veðurfræðings. Töldu margir sig sjá teikn á himni þótt mönnum bæri ekki saman um hvort þeir væru fyrir góðu. Báðum megin við sólina má sjá ljósa díla eða svokallaðar aukasólir sem áður fyrr voru kallaðar gíll og úlfur. Var stundum sagt: „Sjaldan er gíll fyrir góðu nema úlfur á eftir renni," að sögn Páls.

Aðspurður sagði Páll að nýliðið sumar hefði verið gott og hver mánuður öðrum hlýrri allt fram í september, sem væri óvanalegt. „Þegar litið er á allt árið hefur það verið eitt af því hlýjasta um langt skeið," segir hann. [57]

Regnbogi í Hvalfirði [59]

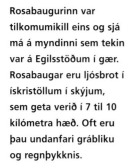

Rosabaugurinn var tilkomumikill eins og sjá má á myndinni sem tekin var á Egilsstöðum í gær. Rosabaugar eru ljósbrot í ískristöllum í skýjum, sem geta verið í 7 til 10 kílómetra hæð. Oft eru þau undanfari grábliku og regnþykknis.

himinbogi

undir berum himni [60]

under the open sky

unter freiem Himmel

Í geislum vetrarsólar

Vetrarsólhvörf eru á morgun og er sól þá lægst á lofti og sólargangur styztur. Úr þessu hækkar sól á lofti og dagurinn lengist. Í hægviðrinu í gær varpaði vetrarsólin geislum sínum upp á himininn og var engu líkara en þeir lyftu undir hrafninn, sem hóf sig til flugs af girðingarstaur. [58]

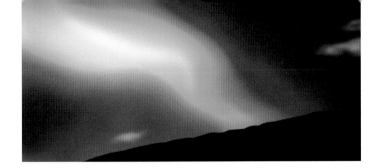

Ókeypis háloftasýning

Búist er við að tvö þúsund japanskir ferðamenn muni borga stórfé fyrir það að komast til Íslands í vetur til að skoða norðurljósin. Akureyringar þurfa ekki annað en að horfa út um austurgluggann sinn yfir Eyjafjörðinn, og þá fá þeir sjónarspilið ókeypis.

Er nokkur ástæða til að efast um það að Einari Benediktssyni skáldi, sem fyrstur manna markaðssetti norðurljósin, hafi tekist að selja þennan dýrgrip? [61]

Glitský vakti athygli

Ægifögur glitský hafa borið fyrir augu öðru hvoru að undanförnu eins og myndin ber með sér sem tekin var á Höfn í Hornafirði seinnihluta þriðjudagsins. Glitský sáust einnig suðvestanlands á sunnudagsmorguninn og voru ekki síður fallog.

Að sögn Magnúsar Jónssonar veðurstofustjóra sjást glitský einkum á Norður- og Austurlandi í sterkri suð- eða vestlægri átt. Þegar hvass vindur streymir norður eða austur yfir landið verður til bylgjuhreyfing en við ákveðnar aðstæður geta þessar bylgjur náð mun hærra en veðrahvolf okkar, sem er 10 kílómetrar, eða upp í 20-30 kílómetra hæð. Sjaldgæft er að raki berist í einhverju magni svo hátt upp, en það getur gerst við þessar aðstæður. Þegar hann þéttist í þetta mikilli hæð, í 70 til 80 gráða frosti myndar hann örfína ískristalla. Litirnir í skýinu verða sýnilegir þegar sólin er mjög lágt á lofti, jafnvel komin undir sjóndeildarhring en þá verður ljósbrot í ískristöllunum. [62]

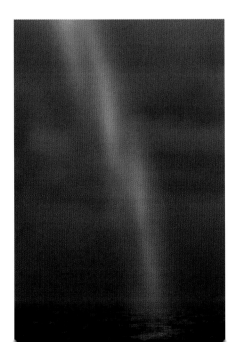

Regnbogi sést um miðja nótt

Snagabakkar heita sjávarbakkar þeir sem eru rétt innan við byggðina í Ólafsvík. Samkvæmt gömlum sögnum hefur þar ýmislegt fyrir augu borið sem ekki verður í fáum orðum skýrt. Vorið 1744 sáust t.d. af bökkum þessum hvítir hraðsyndir fiskar á borð við hákarla.

Svo var það núna í haustrigningunni að þarna sást regnbogi um miðja nótt. Tungl var í fyllingu og lýsti vel og því var hann þarna regnboginn, stór og fallegur, þó að litirnir væru með daufara móti. Var annar sporður hans uppi á bökkunum en hinn langt úti á vík. Virtist leikur einn að bregða sér undir hann á báti!

Þarna voru án alls efa verkin þess meistara sem ávallt staðfestir sáttmála sinn jafnvel um óttubil í skammdeginu. [63]

www.vedur.is

[3] Náttúra · Nature

Ef veður leyfir · Weather permitting

[46] Snæfinnur: literally, a Snow Finn.

[48] Bertel Thorvaldsen (1770–1844), one of Europe's most celebrated sculptors, was the son of an Icelander living in Copenhagen. -Rauð eða hvít jól: a red Christmas indicates that there is no snow on the ground to cover the reddish lava; white, of course, means that snow has fallen. In addition, it is also possible to have a gray Christmas when there is very little or no snow and the weather deals out mist, sleet, or hoarfrost to drabben the day!

[49] Jörundarfell: one of several low ridges overlooking a grassy, fertile area in northern Iceland near Blönduós.

Náttúrufyrirbæri · Natural phenomena

[50] Dimmuborgir, a spectacular lava park in the north of Iceland, near lake Mývatn (cf. 82).

[52] Snorri Sturluson (1179–1241), a member of the powerful family that made up the Age of the Sturlungs (1230–64), was a highly educated, crafty statesman, historian, and author of two of the most significant works of Norse literature, the *Poetic Edda* and *Heimskringla*, the history of the Norwegian kings (cf. 89n, 126). He tended towards the ruthless in his accumulation of power, which is one factor that led to his murder by his own relatives at Reykholt, his residence famous for the outdoor geothermal bath he often enjoyed.

Today geothermally heated pools make outdoor swimming a pleasure year round.

[53] Geysir: cf. 247.

[55] The island Surtsey erupted from the ocean off the south coast of Iceland in 1963. For purposes of scientific research it was decided to keep the environment of the new island as unpolluted as possible, thereby allowing observation of the growth of natural vegetation. Surtsey is, however, being reclaimed by the sea; it has already diminished by half, and is now 2.7 sq. km.

[56] Unnur Bjarklind Benediktsdóttir (1881–1946). A well-educated woman, Unnur wrote under the pen name Hulda. She wrote with skill in a number of forms and first published her poems at age 20. She had great interest in folktales and is known for bringing new respect to "þulur" (nursery rhymes). Because of her pure lyric vein, Einar Benediktsson considered her "a star of the neo-romantic movement" (cf. 61). -Við fjallavötnin fagurblá: these lines begin "Við vatnið" (By the Lake), the first section of Hulda's five-part poem "Raddir úr dalnum" (Voices from the Valley). -Another water monster, Lagarfljóts-ormurinn, is reported to inhabit the lake Lagarfljót, near Egilsstaðir.

Himinbogi · Vault of heaven

[58] The raven, favorite bird of the Norse god Óðinn, had great favor in Iceland, where people believed in its power of prophesy. It was the bird used by Hrafna-Flóki (Raven-Floki) Vilgerðarson to lead him to Iceland, the third Norse explorer to arrive. At the time he was looking for "Garðarshólmi" (Garðar's Island), as the island had been named by the second Norse visitor, Garðar Svavarsson, who had been looking for Naddoddur's "Snæland" (Snowland). Due to the harsh winter he spent as a result of not having made sufficient preparations, Flóki left the island in despair, calling it "Ísland" (Iceland) because of the fjord full of ice that he spotted. Remains of his winter shelter, Flókatóttir, are said to be visible on Barðaströnd in the West Fjords (cf. 83n). -Hrafn remains a popular boy's name today. -Styztur: the letter "z" was dropped from the Icelandic alphabet in the early '70s as a step to simplify matters for schoolchildren; it is still occasionally used by older generations.

[59] One of the great advantages of frequent, fast-moving showers is the probability of rainbows, sometimes several in a day!

[61] Einar Benediktsson (1864–1940), one of Iceland's greatest poets, was a visionary and entrepreneur who reportedly sold the aurora borealis to an American businessman! (cf. 56)

[62] Mother-of-pearl clouds can be so remarkable that they have been reported on the television news as well as in the newspaper.

[63] Night rainbows: an unusual, otherworldly perk of northern climates!

Út og suður [4]

Out and South

In a country only recently urbanized, it is highly important to
Icelanders to keep connected to the rural roots that shaped the
first thousand years of their history. And although more and
more people are now moving from small towns and farms to
enjoy the modern pace of Reykjavík, one has only to drive
a short distance to be reminded of life as it used to be.

Gömlu handtökin vöktu athygli gesta í Laufási

Starfsdagur var í gamla bænum í Laufási síðasta sunnudag, á Íslenska safnadeginum, og komu fjölmargir við og fylgdust með því sem í boði var. Áhersla hefur verið á tóvinnu, sýnd er vinnsla ullar og hvernig hún verður að flík, íslenskar jurtir voru sýndar og notkun þeirra til litunar, heilsubótar og lækninga kynnt. Hagleiksmenn voru við útskurð og á hlóðum gamla bæjarins voru bakaðar lummur. Slegið var með orfi og ljá, hey bundið á bagga og flutt heim á hesti.

Í kirkjunni fluttu Ragnheiður Ólafsdóttir og Þórarinn Hjartarson sýnishorn úr íslenskri tónlistarsögu og séra Pétur Þórarinsson sóknarprestur flutti mergjaða kafla úr Vídalínspostillu.

Ingibjörg Sigurlaugsdóttir prestsfrú í Laufási hafði yfirumsjón með starfsdeginum nú eins og áður ásamt starfsfólki Minjasafnsins á Akureyri. Félagar í félögum eldri borgara við Eyjafjörð og í Þingeyjarsýslum tóku eins og áður virkan þátt í störfum dagsins. [64]

Skiphellir sem skjól

Skiphellir er stór hellir sem er rétt austan við bæinn Höfðabrekku í Mýrdal, en á Höfðabakka er rekið myndarlegt hrossaræktarbú með ferðaþjónustu sem aðalbúgrein. Hross sem ekki eru í tamningu hafa Skiphelli sem skjól á köldum vetrardögum og er þeim gefið þar rúlluhey eftir þörfum. Hellirinn er mjög stór og hefur lengi verið notaður fyrir hluta búfénaðar og hey bæjarins. Allt fram til ársins 1660 var útræði við Skiphelli þar sem sagnir herma að skip hafi verið geymd. Í Kötlugosi 1660 lagðist útræði við Skiphelli af, en þá bar mikinn sand og möl vestur með Höfðabrekku, Fagradals- og Víkurhömrum og hafa gos verið að stækka land síðan. Nú eru u.þ.b. 2 km frá Skiphelli að sjó. [65]

Kúasýning í Eyjafirði

Huppa þótti best

Kristján Bühl bóndi á Ytri-Reistará í Arnarneshreppi átti hæst dæmdu kúna að þessu sinni, Huppu 107, landsfræga mjólkurkú, sem skilað hefur ótrúlega miklum afurðum á síðustu árum og mjólkaði á síðasta ári rúm 10.000 kg. [66]

Grænn dagur á Húsavík

„Græna deildin" á Húsavík fagnaði nýlega stórum áfanga í gróðurvernd, þegar búið var að gróðursetja rúma eina milljón plantna í Húsavíkurlandi í svokölluðu „Landgræðslu-skógaátaki" á síðastliðnum sjö árum.

Í tilefni þessa fór fram kynning á starfi gróðrarstöðvarinnar á Árnesi við Ásgarðsveg. Garðyrkjustjóri bæjarins, Benedikt Björnsson, gekk með gestum um gróðrarstöðina og sýndi og sagði frá hinum ýmsu plöntum sem þar eru í uppvexti og ræddi mismunandi vöxt þeirra með tilliti til íslenskrar náttúru. Einnig var gengið á mela til að sýna hvar gróður væri í stað grjóts. Viðstöddum var síðan boðið til kaffidrykkju, sem þeir nutu vel í fögrum skógarlundi og hinu fegursta veðri. [67]

uppi í sveit

vera af allt öðru sauðahúsi [68]
to be of a different mold
aus anderem Holz geschnitzt sein

Jarðyrkjustörf í janúar

Þótt tíðarfar hafi oft verið gott um þetta leyti árs man enginn eftir því hér um slóðir að unnið hafið verið við að plægja jörð í janúarmánuði. Magnús Páll Brynjólfsson, bóndi í Dalbæ í Miðfellshverfi, var að notfæra sér góðu tíðina sl. laugardag og vinna sér í haginn fyrir vorið. Þá tóku sumarbústaðaeigendur upp kartöflur á sunnudaginn. [69]

Lífið í sveitinni lokkar

Bændur buðu gestum í heimsókn sl. sunnudag, þar á meðal hjónin í Árholti í Torfalækjarhreppi í A-Húnavatnssýslu, þau Hrafnhildur Pálmadóttir og Ingimar Skaftason. Um 200 manns þáðu heimboð þeirra hjóna, skoðuðu búskapinn og nutu veitinga sem Sölufélag Austur-Húnvetninga bauð upp á.

Hrafnhildur var hæstánægð með daginn og þakkaði þeim fjölmörgu sem komu í heimsókn. Hún sagði að fólk alls staðar að af landinu hefði komið og það hefði verið mjög ánægjulegt að fá tækifæri til að kynna fyrir þéttbýlingunum hvernig lífið í sveitinni gengi fyrir sig. Búskapur í Árholti er afar fjölbreyttur. Kýr, kindur, hesta og fiðurfénað af ýmsu tagi er að finna þar. Yngstu gestunum fannst mikið koma til andarunganna og að fá að fara á hestbak. Hundarnir á heimilinu, Neró og Perla, náðu einnig athygli barnanna og höfðu sumir á orði að það væri mikill sparnaður á pappír að hafa hundana því þeir sæju alveg um að halda yngstu gestum hreinum í framan eftir að þeir hefðu snætt rjómavöfflurnar. [70]

www.bondi.is

niðri í bæ

skemmta sér konunglega [71]

have the time of one's life

sich königlich amüsieren

Reykjavík meðal 10 mest spennandi borga

Tímaritið *Newsweek* birtir í þessari viku grein um útþrá ungs fólks og þá sérstaklega Bandaríkjamanna ásamt lista yfir 10 mest spennandi borgir heims þar sem Reykjavík kemst á blað.

„Í hinni einangruðu höfuðborg Íslands leggur fólk hart að sér í starfi og harðar í leik," segir í stuttri umsögn vikuritsins um Reykjavík. Tekið er fram að margir þurfi að vinna á tveimur stöðum til að láta enda ná saman, hægt sé að nota krítarkort á McDonald's-veitingastöðum og bjór kosti rúmar 700 krónur.

Í umsögninni er einnig lögð áhersla á bókhneigð Íslendinga og sagt að í Reykjavík sé læsi mest í allri Evrópu. Aðrar borgir, sem *Newsweek* setur í tíu efstu sætin eru Dyflinn, San José, Höfðaborg, Búdapest, Prag, Sarajevo, Tel Aviv, Saigon og Shanghai. [74]

Það er gott að hugsa í strætó

Almenningssamgöngur eru þægilegur ferðamáti. Ekki þarf að eyða tíma í að skafa af rúðunum á morgnana og heldur ekki eyða peningum í bensín eða hafa fyrir því að leita að bílastæði – vagnstjórinn sér um að koma farþegum sínum heilum á leiðarenda. Og svo gefst líka afbragðsgott næði til þess að hugsa í strætó og spá í lífið og tilveruna. Þeir virtust a.m.k. njóta þess, mennirnir tveir sem sátu fremst í vagni númer 110. [72]

Borgin í betri búning

Þetta er sá árstími þegar borgin breytir um svip og klæðist betri búningnum. Borgarbúar ráðast í vorhreingerningu í görðum sínum, borgarstarfsmenn dytta að, þrífa, gróðursetja og fegra umhverfið hvað best þeir geta. Þessir starfsmenn frá garðyrkjudeild Reykjavíkurborgar voru að gróðursetja tré við gatnamót Hringbrautar og Suðurgötu í gær þegar ljósmyndara Morgunblaðsins bar að. [73]

Reykjavíkurborg

www.rvk.is

Langur laugardagur í miðborginni

Langur laugardagur verður í miðborg Reykjavíkur laugardaginn n.k. með tilheyrandi tilboðum, sumarstemmningu og verslunarfjöri. Verslanir verða opnar kl. 10–17 og fram á kvöld verður hægt að setjast á kaffihús. Flestar verslanir, kaffihús og veitingastaðir eru með tilboð í tilefni dagsins. Boðið verður upp á leiktæki fyrir börnin á Lækjartorgi og Ingólfstorgi. Þar fá börnin einnig andlitsmálun og boðið verður upp á uppákomur, sögustundir og fleira. [75]

Árlegt útiskákmót

Hið árlega útiskákmót Skákfélags Akureyrar fór fram í göngugötunni í blíðviðrinu í gær. Rúmlega 10 skákmenn mættu til leiks og háðu harða baráttu. Bókabúð Jónasar gefur verðlaunin á mótinu og gaf einnig þann farandbikar sem keppt er um hverju sinni. Íslendingar eiga flesta alþjóðlega stórmeistara í skák af þjóðum heims sé miðað við höfðatölu. [78]

Mömmumorgunn í safnaðarheimilinu

Á „Mömmumorgnum" er safnaðarheimili Dómkirkjunnar við Lækjargötu umkringt barnavögnum, þannig að ekki fer framhjá neinum hvað er á seyði innan dyra. Að sögn Jakobs Ágústs Hjálmarssonar dómkirkju- prests halda margir söfnuðir mömmu- morgna einu sinni í viku. Mæður mæta gjarnan með börn sín, fá sér kaffibolla og spjalla saman. Þær fá einnig fræðslu og upplýsingar um uppeldismál, ekki síst trúaruppeldi barna. Aðspurður hvort pabbar hafi sést á „mömmumorgnum", segir dóm- kirkjuprestur að það hafi komið fyrir, en feðurnir séu enn sem komið er afar fáir. [79]

Bjartur og Kíki í bæjarferð

Bjartur ákvað að skreppa í bæjarferð í gær, meðal annars til að líta aðeins á úrvalið í leikfangabúðunum. Hann tók páfagaukinn sinn, sem heitir Kíki, með sér og virtist fuglinn sjá ýmislegt forvitnilegt í verslununum. Kíki á ættir sínar að rekja til heitari landa, en kveinkaði sér ekkert undan kulda á ferðalaginu, enda veður milt og gott. [76]

Á gangi með hund númer 102

Fyrr á árinu var sýnd hér á landi kvikmynd um ævintýri eitthundrað og eins dalmatíu- hunds. Nokkrir doppóttir dalmatíuhundar hafa verið fluttir til Íslands, en enginn þeirra hefur leikið í kvikmynd svo vitað sé. Þessi hundur, sem kannski er dalmatíuhundur númer 102, virðist hinn ánægðasti á gangi með eiganda sínum og ekki leiða hugann að frægð og frama í kvikmyndum. [77]

Ísbjörn í heimsókn

Laust fyrir hádegi á sunnudag bárust fregnir frá Esjunni þar sem hún var á siglingarleið til Neskaupstaðar frá Eskifirði, þar sem sagði að skipsmenn hefðu séð ísbjörn skammt fyrir utan Sandvík við Norðfjörð. Samkvæmt þeim fregnum hafði ísbjörninn verið að snæða sel á einum ísjakanum, en var truflaður af hrafnageri, sem reyndi að komast í lostætið. Ísbjörninn reyndi að fæla hrafnana frá með því að taka selinn í kjaftinn og sveifla honum í kring um sig, en hrafnarnir voru ágengir mjög.

Eftir nokkra leit fundum við bæli bjarnarins, þar sem hann hafði verið að gæða sér á selnum. Bælið var á ísjaka, sem hefur verið um 100 fermetrar og var það roðið blóði. Jakinn lónaði ca. 200 m. frá ströndinni, en spor voru víða sjáanleg á jökum allt í kring.

Skömmu eftir að við fundum bælið sáum við loks það sem var leitað, ísbjörninn. Hann lallaði í rólegheitum á einum ísjakanum og fór sér að engu óðslega. Við sáum hann úr þó nokkurri fjarlægð, því að gulur feldurinn skar sig úr hvítum jökunum og einnig var hann auðkennilegri á því að hann var botnóttur. Við sveimuðum þarna fram og aftur og flugum eins lágt og mögulegt var yfir birninum. Í fyrstu lét hann sér ekkert bregða og góndi í kyrrstöðu á vélina, en skjótt fór hann að ókyrrast og æða fram og aftur. Ísinn var frekar þéttur þarna, en þó hröngl á milli og það var fróðlegt að sjá ísbjörninn stökkva á milli jakanna og hlaupa eftir þeim. Þá sást fyrst hver kraftur býr í þessu klunnalega dýri, sem hefur hrakist að strönd lands okkar. Þá sást hver hætta myndi stafa af slíku dýri, ef það stigi á land varnarlausra manna.

Horfandi á dýrið og hyggjandi að framtíð þess, hvarflaði hugurinn að því, hvort að þetta dýr kæmist heilt á húfi aftur til sinna heimkynna, hvort að það myndi ganga á land og af því myndi stafa hætta, eða hvort að það myndi berast með ís, sem stöðugt yrði þynnri af heitara lofti og sjó, uns hann hyrfi á djúpu hafi, án lands, án lífsmöguleika fyrir ísbjörninn.

Oft nam ísbjörninn staðar og fylgdist með flugvélinni og síðan tók hann á rás aftur, af jaka á jaka, með ákveðnum hreyfingum, þunglamalegum en kröftugum. Skömmu áður en við flugum á brott var hann búinn að koma sér fyrir í lítilli laut á einum jakanum og þar sat hann rólegur og horfði út á hafið. [80]

Ísbjörninn tók á rás, þegar blaðamaður Mbl. skaut á hann með myndavélinni.

Upp á yfirborð jarðar

Sex félagar úr björgunarsveitinni Fiskakletti í Hafnarfirði sigu ofan hinn 150 metra djúpa Þríhnúkahelli í nágrenni Bláfjalla um helgina. Þríhnúkahellir er ein stærsta hraunhella-hvelfing í heimi.

Hellirinn er gamall eldgígur og til þess að komast ofan í hann þurftu björgunarsveitar-mennirnir að síga 120 metra í nær frjálsu falli og klifra síðan upp aftur eftir taug með því að nota svokallaða línuklemmu. Leiðin niður tók 5-10 mínútur en þeir voru 2 tíma upp og fóru þá tveir og tveir saman og höfðu tvær línur, aðra sem öryggislínu. [81]

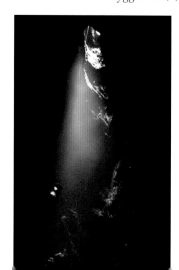

Örvar Þorgeirsson tók þessa mynd í Þríhnúkahelli þegar tveir félaga hans voru að lesa sig eftir taug upp á móti dagsbirtunni.

Vetrarríki við Mývatn

Flestir ferðamenn koma í Mývatnssveit
að sumarlagi, en ekki er síður fagurt
um að litast þar á öðrum árstímum.
Vetrarríkið er mikið svo hátt yfir
sjávarmáli en birtan einstök. Kyrrt og
fallegt veður var í Mývatnssveit á
sunnudag, en býsna kalt, frostið um 21
gráða og beit í kinnarnar þegar þessi
mynd var tekin við Höfða. [82]

fara í berjamó [84]

go berry picking

Beeren pflücken gehen

Blíðuveður á Húsavík

Einmuna veðurblíða hefur verið á Norður- og Austurlandi að
undanförnu eða Majorkaveður eins og heimamenn kalla það.
Gróður er venju fremur blómlegur og berjaspretta góð. Hefur fólk
notfært sér það óspart. Þá gerist veður og ekki betra til leita.
Húsavík er að flestra mati með fallegustu bæjum á Íslandi. Höfnin
er spegilslétt og kvöldbirtan gefur bænum magnaðan svip. [83]

Íshellir finnst

Egilsstöðum – Íshellir fannst í botni
Hnútulóns í Brúarjökli, sem er í
norðanverðum Vatnajökli. Hnútulón hljóp
í sumar þegar vatnavextir urðu sem
mestir í Kreppu og Jökulsá. Íshellirinn er
um 100–150 m langur og um 15–20 m hár
og er op hans eitt hið stærsta sem vitað er
um á íshelli. [85]

Gangarollur

Þessi súgfirska fjölskylda ætlaði að kanna
hvort grasið væri ekki örugglega grænna
við Ísafjörð. Ferðalaginu var þó aflýst eftir
að ljósmyndari Morgunblaðsins benti á að
líkur væru á að fjölskyldan lenti á grillinu
á leiðinni í dimmum jarðgöngunum. [86]

[4] Út og suður · Out and South

Út og suður: literally, out and south, but its meaning is "north and south," with "út" being the opposite of south; i.e., everywhere.

Uppi í sveit · In the country

[64] Laufás: a beautiful mid-19th century church and farmhouse museum under national protection; it overlooks Eyjafjörður, on Route 83 north of Akureyri.
-To help preserve the folk music of Iceland, Þjóðlagafélagið (The Folk Music Society) has been newly established in Reykjavík.
-Jón Vídalín (1666–1720), bishop of Skálholt, Iceland's first bishopric, founded in 1056. A great ecclesiastical leader and reformer, he also wrote *Vídalínspostilla* (Book of Family Sermons), a work that remains in high regard today. Jón and Páll Vídalín were cousins, grandsons of Arngrímur Jónsson lærði (the Learned), who was a great scholar and promoter of Iceland abroad (cf. 116, 154n).

[65] With 16 eruptions recorded over the past 1,100 years, Katla is one of Iceland's most active volcanoes; because it is located under the glacier Mýrdalsjökull, it is also one of the most destructive, as the hot lava of the eruptions causes ice to melt, which sends sudden and devastating glacial floods (hlaup) in its path (cf. front cover, 108).

[66] Huppa is a popular name for cows, referring especially to white flanks. Another Huppa, born in 1926, was the champion cow of her time, and today it is said that all cows in Iceland are descended from her!

[67] Græna deildin: literally, the Green Division, is Húsavík's town environmental department. Reforestation of Iceland has been officially under way since 1907. At the time of settlement, beginning in 874, it is estimated that up to 60% of Iceland was covered in vegetation, much of that in birch forests. Because of the early need of wood for fires and shelter, that figure was reduced to only 1% (cf. 73, 187, 213; 83, 231).

[68] Vera af allt öðru sauðahúsi: literally, to be of a completely different sheep pen.

[70] Thin pancakes folded with jam and whipped cream or rolled with sugar are a traditional treat for special occasions.

Niðri í bæ · Downtown

[71] Skemmta sér konunglega: literally, to enjoy oneself like a king.

[72] Some buses are not spoken of by their ordinal numbers, rather by the same names used in cards, such as 1/ásinn; 2/tvistur; 3/þristur; 4/fjarki; 5/fimma (cf. 196).

[73] Garðyrkja: cf. 67, 102, 187, 213.

[74] The literal Icelandic translation of the *Newsweek* quote is as follows: "In the isolated capital of Iceland young people toil hard at working and harder at playing." The actual text as it appeared in *Newsweek* is in the translation section.

[75] Langur laugardagur: for the past decade, stores on Laugavegur in Reykjavík have held extended business hours on the first Saturday of each month except some Augusts, when it may be the second Saturday, depending on Verslunarmannahelgi (cf. 38n, 145).

[76] Páfagaukur: cf. 250, 265.

[77] Kvikmynd: cf. 91, 151, 152, 153.

[78] The Reverend Jón Sveinsson of Akureyri, known as Nonni (1857–1944), wrote children's stories that are still enjoyed in Iceland and continental Europe. His home is now a museum.

[79] Dómkirkjan: cf. 119.

Um allt landið · Across the land

[80] The steamship Esja was run by Eimskip, Iceland's leading shipping company.

[81] Björgunarsveit: cf. 7, 11.

[82] Lake Mývatn is the largest migratory bird sanctuary in Europe, most species arriving from Europe and Africa (cf. 50n).

[83] Húsavík, named "House Bay" after the winter spent there by Garðar Svavarsson, was actually the first Norse habitation of Iceland. Three of Garðar's company broke away and built houses of their own nearby, but possibly because of his superior status, Ingólfur Arnarson is considered Iceland's first official settler (cf. 67, 231).

[84] Fara í berjamó: it wouldn't be late summer in Iceland without going into the country to pick berries along the way!

[85] Vatnajökull is Europe's largest glacier (cf. 11, 87).

[86] Kindur: cf. chapter 10a.

[5] Daglegt líf
Daily Life

Interest in the past runs high in Iceland, the ability to share common memories being one of the first characteristics used to describe what it means to be an Icelander. With one of the world's highest longevity rates, each generation has the opportunity to pass on customs to great-grandchildren and even great-greats—one of which is a fondness for nature and for the animals that share the land.

Gosið í Vatnajökli

Gosið í Vatnajökli hefur brætt þriggja og hálfs kílómetra langa gjá í ísinn yfir suðurhluta sprungunnar. Vatn safnast þar fyrir en minna berst í Grímsvötn en áður. Vötnin hafa þó hækkað, en ekki tókst að mæla það nákvæmlega í gær. Jarðskjálftamælingar benda til þess að heldur hafi dregið úr eldvirkni í heild, en gosstrókurinn sem nær upp úr jöklinum er svipaður og verið hefur.

Þegar ljósmyndari og blaðamaður Morgunblaðsins flugu yfir í gærmorgun sáust öðru hvoru öskusprengingar, en þær voru litlar og svartur reykurinn hvarf fljótt inn í hvítan gufumökkinn, sem steig beint upp í loft. Engin ummerki sáust um eldvirkni annars staðar. [87]

Handritasýningu að ljúka

Hátíðarsýningu í Stofnun Árna Magnússonar á Íslandi fer nú senn að ljúka.

Á sýningunni í Árnagarði við Suðurgötu gefst fólki einstakt tækifæri til að sjá nokkra af mestu dýrgripum þjóðarinnar því að þar eru til sýnis Konungsbók eddukvæða, Snorra-Edda, Flateyjarbók, sem er stærst allra íslenskra handrita, og Möðruvallabók með 11 Íslendingasögum, m.a. Egils sögu, Njálu og Laxdælu. Einnig eru á sýningunni handrit Landnámu, Íslendingabókar, Grágásar og Jónsbókar og kaupbréf fyrir Reykjavík. Vönduð sýningarskrá um öll þessi handrit er innifalin í aðgangseyri. [89]

Njálusýningin opnuð aftur

Ferðaþjónustuverkefnið Á Njáluslóð sem hleypt var af stokkunum sl. sumar felst í vegvísum og upplýsingaskiltum á sögustöðum Njálu, ferðum með leiðsögn um Njáluslóð og yfirgrips-mikilli sýningu á Hvolsvelli. Þar er á myndrænan hátt kynnt efni Njáls sögu, aðalpersónur, staðir og atburðarás, tíðarandi víkingaaldar, vopn, klæði og húsakostur o.s.frv. og loks er veitt innsýn í bókagerð og bókmenntir á ritunartíma Njáls sögu, varðveislu Njáluhandrita og útgáfu.

Sælubúið, ehf. ferðaþjónusta, sölu- og rekstraraðili Sögusetursins, hefur afgreiðslu í þjónustumiðstöðinni Hlíðarenda við Þjóðveg 1 á Hvolsvelli. [88]

www.natmus.is

Víkingaskart úr heiðnum gröfum

Með heiðnum landnámsmönnum fylgdi sá norræni siður til Íslands að leggja menn til hinstu hvílu í grafir og hauga sem nefnast kuml. Með hinum látna var sett haugfé, gjarnan vopn og skartgripir, nytjahlutir og hestar.

Um miðja þessa öld hóf dr. Kristján Eldjárn umfangsmiklar rannsóknir á kumlum og safnaði saman upplýsingum um alla þekkta staði á landinu. Árangur rannsóknarinnar birti Kristján í doktorsritgerð sinni 1956 og var þá brotið blað í sögu íslenskrar fornleifafræði. Ritgerðin, Kuml og haugfé í heiðnum sið á Íslandi, var upphaf nútímafornleifafræði hér, en kumlatal, heildarskrá allra heiðinna greftrunarstaða sem þekktir voru árið 1956, var meginþáttur verksins. Á þeim tíma voru 246 grafir þekktar og fylgdi tölu þeirra lýsing á legu, gerð og greining á forngripum sem í þeim hafa fundist. [90]

Kvikmynd um papana fær verðlaun

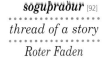

Stuttmynd um papana, írsku einsetumunkana sem sagðir eru hafa sest að á Íslandi fyrir landnám, fékk Irish Arts Council Award verðlaunin í síðustu viku. Myndin heitir Stranded og er ein fimm mynda sem valdar voru úr hópi níutíu mynda. Handritið er eftir Brian FitzGibbon, írskan höfund, sem búsettur er hér á landi og er myndin byggð á leikriti hans The Papar sem frumsýnt var í írska þjóðleikhúsinu, Abbey Theatre síðasta sumar. [91]

söguþraður [92]

. . . .

thread of a story

. . . .

Roter Faden

Minnast upphafs eldgossins í Eyjum

Vestmanneyingar minnast þess á morgun að þá eru tuttugu og fimm ár liðin frá því að eldgos hófst í útjaðri bæjarins árið 1973.

Guðjón Hjörleifsson bæjarstjóri í Vestmannaeyjum segir að upphaf gossins verði minnst með varfærni enda muni líklega verða meiri fögnuður í Eyjamönnum í sumar þegar goslokanna verði minnst með hátíðahöldum. Þetta séu viðkvæm tímamót. Margir hafi farið illa út úr gosinu og ekki séu öll sár gróin.

Guðjón segir þó ljóst að lánið hafi verið með mönnum þessa nótt, veður hafi verið gott og flotinn í höfn og allir hafi því sloppið heilir í land. Honum sé þakklæti efst í huga er hann hugsi til baka til þessara atburða. Einnig sé hann Íslendingum þakklátur fyrir vinarþel og þær stórkostlegu móttökur sem Vestmanneyingar fengu á fastalandinu. [93]

SÖGULEGT

Fæðingarstaður Leifs heppna endurbyggður

Unnið hefur verið deiliskipulag fyrir Eiríksstaði í Haukadal, vegna uppbyggingar á svæðinu fyrir hátíðahöld vegna 1000 ára afmælis Vínlandsfundar sem áformað er að halda í Dalabyggð árið 2000. Ákveðið hefur verið að endurbyggja Eiríksskála þar sem Leifur heppni fæddist. Þá eru uppi áform um byggingu menningarhúss í Búðardal sem m.a. gæti rúmað veglega Vínlandssýningu.

„Það er okkar óskastaða að húsið verði vígt á hápunkti hátíðahaldanna árið 2000 og við gerum okkur vonir um að forseti Bandaríkjanna eða einhver annar hátt settur embættismaður geti verið viðstaddur," segir Sigurður Rúnar Friðjónsson, oddviti Dalabyggðar. [94]

„Fásinna að þetta sé kúnst"

„Almáttugur, ertu að spyrja um hversu marga kraga ég hef saumað í gegnum tíðina? Það er ómögulegt að segja en sjálfsagt skipta þeir hundruðum og þó." Það er saumakonan Anna Kristmundsdóttir sem talar en hún hefur nánast ein séð um gerð pípukraga hérlendis allt frá því í seinna stríði. Í Hvassaleitinu hefur Anna átt heima í 37 ár en hún er orðin 89 ára gömul, „það er nú ekki meira en það," segir hún en blaðamaður á bágt með að trúa svo hárri tölu því konan er mjög hraust og ungleg að sjá.

„Fásinna er að þetta sé kúnst að sauma prestakraga," segir Anna næst þegar hún lítur upp frá iðju sinni. „Ég nota léreft og saumaðir eru saman þrír renningar og sporin eru á víxl. Það er nú allur galdurinn. Síðan er efnið rykkt þegar búið er að sauma það." Alla jafna er það dagsverk hjá Önnu að koma einum kraga alveg heim og saman. „Ég sauma ekki á hverjum degi en prestakragarnir endast nú sumum alla ævina, í það minnsta nokkra áratugi," segir Anna og heldur áfram að strauja pípukraga með lóðbolta á sér tilgerðu trébretti. Við stífninguna notar hún gaffal og penna úr nautsbeini.

Fjórar saumakonur hafa lært listina af Önnu og ein af þeim tekur áreiðanlega við en annars er Anna ekkert á þeim buxunum að hætta. „Þeir losna sjálfsagt aldrei við mig, blessaðir prestarnir." [95]

Öllum þeim, sem með veisluhöldum, skeytum, heimsóknum, símtölum, blómum og öðrum gjöfum, sýndu mér vináttu á hundrað ára afmæli mínu 18. september sl. þakka ég með hrærðum hug.
Með góðum kveðjum til ykkar allra og ósk um blessun í lífi og starfi. [96]

Þórður í Haga.

Frábært! [97]
. . . .
Excellent!
. . . .
Großartig!

Glíma

Þjóðaríþrótt Íslendinga, glíman, hefur fylgt þjóðinni svo lengi sem sögur herma og hefur bæði átt sína frægðardaga og lægðarskeið eins og gengur. Eftir nokkra stöðnun hefur glíman risið upp síðasta áratuginn. Glíma á nútímavísu er talin hefjast með fyrstu Íslandsglímunni á Akureyri 1906 en hún var fyrsta kappglíman með sérstökum farandverðlaunum. Verðlaunin eru hið eftirsótta Grettisbelti sem keppt er um enn í dag.

Glíman, glæsileg íþrótt snerpu, tækni, fimi og léttleika, er ein af miklum fjölda þjóðlegra fangbragða sem þróast hafa víða um heim. En hér skilur mikið á milli glímunnar og annarra fangbragða því hér er sækjanda gert að skyldu að losa sig við viðfangsmann í lok bragðsins í stað þess að keyra hann í völlinn og fylgja sjálfur á eftir eins og sjá má í flestum öðrum fangbrögðum. [98]

Þingeyingurinn Kristján Yngvason glímir við soninn Ólaf, sem hafði betur eins og sjá má.

Eldri en öldin

Jóna Sigríður Jónsdóttir, elliheimilinu Grund, fagnaði aldarafmæli í gær, 21. ágúst. Aðstandendur Jónu Sigríðar héldu upp á afmælið með henni í Oddfellow-húsinu í Reykjavík í gær. Jóna Sigríður átti 11 börn og á 27 barnabörn, 57 barnabarna-börn og 18 barnabarnabarnabörn. [99]

Gunnar og Örn létu ekki sitt eftir liggja í garðinum.

Sjáiði karpötluveisla!

Róbert í Steinahlíð beið í „mörghundruð ár" eftir því að geta tekið upp kartöflurnar sínar. Hinir krakkarnir í leikskólanum voru voða spenntir líka, enda gerir uppskeran, sem sumir nefna „karpötlur", mann „gáraðan í heilanum". „Maður verður líka fullur," bætir annar við, og það finnst hinum krökkunum rosalega fyndið. Greinarhöfundi líka. [101]

Daglegt brauð í Hafnarfirði

Stefanía, tveggja ára, er ólíkt blíðari við fuglana en karlarnir sem nú eru á ferðinni um fjöll og firnindi með haglabyssur í hönd. Við skulum vona að snjógæsin hennar Stefaníu haldi sig við Hafnarfjörðinn svo hún endi ekki í potti einhvers veiðimannsins. [100]

Með litla jólaskreytingu en mikla athygli

„Eftir að ég fékk áskorun frá einum nágranna mínum í götunni, Snorra Sigurfinnssyni, sem reyndar er garðyrkjustjóri bæjarins, sló ég til og smellti þessari skreytingu á grenitréð hjá mér til þess að vera ekki minni maður en hinir í götunni," sagði Jón Bjarnason, íbúi í Baugstjörn á Selfossi, en jólaskreyting hans hefur vakið mikla athygli.

Um er að ræða litla hvíta peru á um 20 sentimetra háu grenitré. Þó peran sé lítil og tréð ekki hátt þá eru þeir margir sem hafa staldrað við hjá húsi Jóns til þess að skoða skreyt-

inguna sem sannarlega er öðruvísi en aðrar í götunni.

Þegar Jón hafði sett upp skreytinguna, sem hann gerði nóttina eftir að hann fékk bréfið frá garðyrkjustjóranum, fékk hann strax annað bréf sem innihélt hrós og lýsingu á því hvernig garðyrkjustjóranum varð við við að sjá skreytinguna. Hann var á leið um götuna í bíl sínum ásamt konunni og þegar hann kom auga á litla tréð og peruna setti að honum svo mikinn hlátur að hann var rétt kominn inn í næsta garð á bílnum en konan náði að grípa í stýrið og forða útafakstri. Og auðvitað gaf garðyrkjustjórinn Jóni fyrstu einkunn fyrir frumlegheit og snaggaraleg viðbrögð við áskorun um skreytingar. [102]

dýrlegt

Flatmagað á steini

Tveir sellr, móðir með kóp sinn, hafa síðustu daga gert sig heimakomna á Pollinum við Akureyri og hafa vegfarendur haft ánægju af því að fylgjast með þeim flatmaga á þessum steini, en það gera þeir iðulega. [103]

Vanar fyrirsætur

Þær virtust alvanar fyrirsætustörfunum, þessar kvígur sem stilltu sér svona settlega upp fyrir ljósmyndarann, þegar hann átti leið hjá girðingu þeirra á dögunum. [104]

Lyft til flugs

Fýlsunga í Ásbyrgi fataðist flugið á leið út á sjó. Þessi góðhjartaði maður vildi hjálpa honum áleiðis, en ekki fylgir sögunni hvort það dugði til.

Arnór Sigfússon fuglafræðingur segir að fýlsungar lendi oft í vandræðum og drepist ef þeir lendi í skóginum í Ásbyrgi því þeir komast ekki á loft þaðan. Annars staðar tekst þeim yfirleitt að hefja sig aftur til flugs eftir dálitla bið og megrunarkúr. Arnór segir ekkert hæft í þeirri sögu að fýlsungarnir geti ekki flogið nema þeir sjái til sjávar. [106]

Kalli kanína slapp

Þessir strákar voru að byggja kofa í Grafarvogi í gær fyrir nokkrar kanínur sem þeir halda. Í miðjum byggingaframkvæmdunum slapp ein þeirra, sem kölluð er Kalli, frá þeim og hélt á vit ævintýranna. Kalli gegnir þó ekki nafni sínu og þurftu strákarnir að hafa mikið fyrir því að handsama hann og koma honum í hin nýju híbýli sín. [105]

Grannar hittast

Grannar, annar hvítur og hinn svartur, hittust á dögunum á götuhorni í borginni. Ekki fylgir sögunni hvað þeim fór á milli en af myndinni að marka virtust þeir hafa ástæðu til að staldra við á horninu. [107]

Kópar flúðu Skeiðarárhlaupið

Kópar úr sellátrum við Skaftárós, Nýjaós og víðar á sama svæði virðast hafa flúið Skeiðarárhlaupið og fært sig vestar á sandinn um skeið. „Við vorum á ferðinni austur á Skarðsfjörum stuttu eftir hlaupið og sáum þá för eftir kópa mjög víða í fjörunni. Meðal annars hafði einn farið um fimm hundruð metra frá sjónum," segir Reynir Ragnarsson, lögreglumaður í Vík í Mýrdal.

„Við fundum þá líka vestar, allt undir Víkurfjöru. Kóparnir hafa einfaldlega verið orðnir villtir. Þeir fara yfirleitt ekkert í sjóinn meðan þeir eru svona ungir og þetta eru ekki þær slóðir sem þeir eru vanir að vera á."

Einn kópurinn var enn í fjörunni þegar komið var að. „Við tókum hann með okkar og hann er núna í fóstri heima hjá mér og býr í litlu garðhúsi. Hann hvæsti dálítið og glefsaði fyrst, en nú er hann orðinn gæfur og eltir krakkana um blettinn þegar hann fær að fara út. Við höfum reynt að setja hann í vatn en hann kemur strax aftur. Ætli við reynum ekki að ala hann þangað til hann getur bjargað sér sjálfur," segir Reynir. [108]

Nýtt heimili Berlínarbjarnarins

Berlínarbjörninn, stytta sem Berlínarbúar gáfu Reykvíkingum á sínum tíma, hefur nú verið settur upp á torginu á mótum Hellusunds, Laufásvegar og Þingholtsstrætis, rétt neðan við þýska sendiráðið. Berlínarbjörninn minnir á það hversu langt er á milli höfuðborganna tveggja; á fótstallinn er kílómetratalan letruð. Björninn er líklega í hópi víðförlustu myndastytta í Reykjavík. Eftir ferðalagið frá heimalandinu var hann settur upp í Hljómskálagarðinum, en vék þaðan og stóð um skeið á horni Sóleyjargötu og Skothúsvegar. Er embætti forseta Íslands var flutt í húsið þar á horninu varð bangsi enn að víkja en hefur nú senni-lega eignast heimili til frambúðar. [109]

mjá, mö, krunk! [110]

meow, moo, caw!

miau, muh, krächz!

Með hrafn á hjólinu

Hann Ævar Vilberg Ævarsson á Þórshöfn er ekki alltaf maður einsamall á ferð sinni um bæinn á hjóli sínu. Þessi vinalegi hrafn, sem situr á stýrinu á hjóli hans, á það til að þiggja far og ekki síst þegar Ævar heldur niður á bryggju með veiðistöngina. [111]

[5] Daglegt líf · Daily Life

Sögulegt · Historical

[87] A significant eruption took place under Vatnajökull in 1995, resulting in a glacial flood that ran out to sea via Skeiðarársandur, taking the highway with it (cf. 11, 85).

-Grímsvötn: geothermal springs located under Vatnajökull glacier.

[88] "Njála" is the term commonly used to refer to Njáls saga. In addition to its Saga exhibit, tours of saga sites are given and Viking feasts are now being held (cf. 3n, 89).

-Þjóðveg: State Highway 1, the 1,351 km road that circles Iceland, is known as the Ring Road. Due to the engineering challenges posed by the Skeiðarársandur outwash in SE Iceland, it was only completed in 1974 (cf. front cover, 108).

[89] Stofnun Árni Magnússon: The Arni Magnusson Institute in Iceland is a part of the University of Iceland; see below for the institute in Denmark.

-Árni Magnússon (1663–1730), an accomplished scholar, travelled throughout Iceland collecting old manuscripts, which he took to the university in Copenhagen; many were lost in 1728 during a fire.

-Konungsbók eddukvæða: c. 1217; a collection of Eddic (Old Norse) poetry.

-Snorra-Edda: c. 1223; Snorri Sturluson's textbook of poetics.

-Flateyjarbók: c. 1390; a compilation of kings' sagas.

-Möðruvallabók: c. 1350; a collection of family sagas.

-Íslendingasögur: the family sagas of 930–1030, written in the 13th and 14th centuries.

-Egils saga: c. 1220; a 4-generation family saga focused on the warrior-skald Egill Skallagrímsson.

-Njála: considered the best of the Icelandic sagas; late 13th century (cf. 88).

-Laxdæla saga: c. 1245; a family saga that blends romance, heroism, and Viking spirit.

-Landnámabók: detailed record of the 400 principal settlers of Iceland (cf. 224).

-Íslendingabók: written by Ari Þorgilsson c. 1120; highlights early Icelandic history.

-Grágás: literally, the Gray Goose, 1117–18; Iceland's oldest law code.

-Jónsbók: law code adopted by Alþingi in 1281.

-Kaupbréf fyrir Reykjavík: in 1615 the widow Guðrún Magnúsdóttir sold the final 5/6 of Reykjavík to the king of Denmark, in exchange for three other farms; the agreement was signed at Bessastaðir, residence of the Danish governor, and part of the 1/6 property already owned by the king (cf. 126).

[90] Kristján Eldjárn (1917–81), a distinguished archaeologist, was Iceland's third president, 1968–80 (cf. 37, 94; 119n, 122n, 126n, 223n, 224).

-There are now some 280 known burial sites.

[91] The film "Stranded" premiered at the Tribeca Film Center in NYC in 1998; it has since been screened in London, Dublin, and Florence, Italy, and been shown widely on US public and Irish national television.

[93] The eruption on Heimaey began in the early hours of 23 January 1973 (cf. 198, 245n).

[94] Leifur heppni: cf. 37, 224.

Skemmtilegt · Fun!

[98] Grettir, the hero of Grettis saga (c. 1320), was renowned for his strength, courage, and wisdom—and for the bad fortune that led to his downfall (cf. 6; 89, 224).

[99] Grund, established in 1922, was Iceland's first eldercare facility.

[102] Jólaljós: cf. 22.

Dýrlegt · Animals

[103] Flatmagað: literally, "flat on their stomachs" and taking it very easy! (cf. 108)

-Pollurinn is part of Akureyri's harbor area.

[107] Before residents of multiple-dwelling buildings in Reykjavík can own a cat (or dog), they must obtain the permission of all neighbors; a new law sets a two-cat limit for any one apartment (cf. 182n).

[108] Kópur: 103.

-Hlaup: cf. front cover, 87n.

[109] The Berlin Bear was presented to the city of Reykjavík in 1968 by Chancellor Willy Brandt, who was on an official visit to Iceland. Brandt, a Berliner, chose the bear, which is a symbol of his city, as his gift.

[110] Mjá, mö, krunk! The sounds of cats, cows, and ravens (cf. 122n).

[111] Hrafn: with its decreasing numbers, the raven is now a candidate for classification as an endangered species (cf. 58n).

Í sambandi [6]

In Contact

Old traditions live on in modern Iceland. Although most Icelanders
belong to the State Lutheran Church, few go to services outside of
holidays, but many will admit that they won't dismiss the possibility
of the "hidden people" who live in the hillsides. Indeed, their
ancestors may have kept in contact with these unseen folk as much
as modern Icelanders keep in touch with the world around them.

sjö-níu-þrettán [112]
....
knock on wood
....
toi-toi-toi

Tröllin út af Vík

Reynisdrangar urðu til, eftir því sem þjóðsagan segir, með þeim hætti að tvö tröll ætluðu að draga þrísiglt skip að landi en urðu heldur sein og dagaði uppi í birtingu og urðu að steinum.

Drangarnir eru allt að 66 metrar á hæð, rísa úr sjó fram undan Reynisfjalli og sjást þeir vel frá Vík. Þeir heita Landdrangur næst landi, þá kemur Langhamar fjær, litlu vestar er Skessudrangur og lægsti drangurinn heitir Steðji. Skammt suður af dröngunum er sker sem heitir Rettir og sker litlu vestar þar sem heitir Blásandi. Í dröngunum og sunnanverðu Reynisfjalli er fjölskrúðugt fuglalíf. Hægt er að skoða drangana í návígi með því að fá sér far með hinum alkunnu hjólabátum í Vík í Mýrdal. Einnig er hægt að ganga frá Vík og út fyrir Reynisfjall út í Reynisfjöru á fjöru þegar lítið brim er við ströndina. [114]

Nátttröll horfir til fjalla

Það leynast víða steingerð nátttröll í náttúrunni ef vel er að gáð. Eitt þeirra er uppi á Víkurheiði í Vestur-Skaftafellssýslu og greinilegt er að það hefur stefnt til fjalla þegar geislar morgunsólarinnar náðu því á sínum tíma. [113]

Hirðspákona vinahópsins

„Allir vilja heyra eitthvað fallegt," segir Guðríður Haraldsdóttir sem les í tarotspil fyrir hlustendur Aðalstöðvarinnar á laugardögum. „Símatíminn kallast Nornahornið og er afar vinsæll, síminn stoppar ekki þann tíma sem færi gefst á að hringja inn."

Guðríður leggur spil í beinni útsendingu og svarar spurningum hlustenda sem flestar snúa að því hvað framtíðin muni bera í skauti sér. „Ég reyni að hjálpa fólki við að rífa sig uppúr hjólförunum og helst vil ég leggja áherslu á það jákvæða í spilunum. Nóg er víst til af neikvæðu í heiminum. Ég hef mjög gaman af þessu en vil ekki verða fræg fyrir að vera spákona, lít fremur á tarotlesturinn sem eins konar samkvæmisleik í þættinum mínum." [115]

Fyrsta konan vígð til kirkjulegra starfa

Guðrún Eggertsdóttir djákni var vígð í Skálholtskirkju á sunnudag af séra Sigurði Sigurðarsyni vígslubiskupi. Guðrún er fyrsta konan sem fær vígslu í Skálholtskirkju til kirkjulegra starfa og vígslan á sunnudag var fyrsta djáknavígslan í 400 ár í Skálholti.

Hún hefur verið ráðin til starfa við Þorlákskirkju, Sjúkrahús Suðurlands, Heilsustofnun í Hveragerði og dvalarheimilið Kumbaravogi.

„Mér líst vel á starfið, þetta er nýtt starf sem þarf að móta og fólkið að læra á að ég er til staðar," sagði Guðrún. Hún er ákveðna daga á hverjum stað og sinnir sálgæslu við sjúklinga, aðstandendur og starfsfólk eftir þörfum. Þá er hún með bænastundir á stærstu stofnununum þar sem lögð er áhersla á fyrirbænir, þögn og íhugun. [116]

✝RÚ

Ber nafn guðsmóður

Maríuerlan er algengur fugl á Íslandi og auðþekkt á blágráum, hvítum og svörtum lit og löngu, síkviku stéli. Þorvaldur Björnsson á Náttúrufræðistofnun sagði í samtali við Morgunblaðið að hann hefði heyrt að nafn sitt hefði fuglinn frá Maríu mey. Maríuerlan væri nunnuleg í útliti, hrein og fín og svipurinn fallegur. [117]

www.kirkja.is

Fermingin nálgast

Fermingarundirbúningur er víða í hámarki þessa dagana, en um 4.000 unglingar fermast frá kirkjum landsins nú í vor. Að mörgu þarf að huga áður en fermingin fer fram og víst er að annríkis gætir á mörgum heimilum. Fastur liður í fermingarundirbúningnum er að máta kyrtlana eins og unglingarnir í Grensássókn gerðu í gær. Á myndinni aðstoðar Lillý Karlsdóttir þá Inga Gunnar Ingason og Adrian Sabido. Alls eru 4053 börn í þeim árgangi sem nú fermist og reynslan sýnir að um 95-97% hvers árgangs fermast. Þá munu 49 börn fermast borgaralegri fermingu í ár. [118]

Dómkirkjan 200 ára

Í rétt tvö hundruð ár hefur Dómkirkjan í Reykjavík verið árlegur vettvangur helstu helgiathafna þjóðarinnar á hverjum tíma. Fyrsta kirkjan var reist af vanefnum í kjölfar mestu hörmunga Íslandssögunnar, en hún var þó tákn róttækra bylinga og framfarasóknar. Við kirkjuna hafa starfað nokkrir af fremstu kennimönnum Íslendinga og um miðja þessa öld mörkuðu húmoristarnir séra Bjarni Jónsson og organistinn Páll Ísólfsson djúp spor í íslenska menningu. [119]

Sjónvarpað tvö kvöld í viku fyrst í stað

Þrjátíu ár eru liðin á mánudag frá því að Sjónvarpið hóf útsendingar. Pétur Guðfinnsson sem hefur starfað sem framkvæmdastjóri Sjónvarps frá upphafi segir margt hafa breyst frá stofnun þess árið 1966.

„Sjónvarpað var fyrstu mánuðina tvö kvöld í viku, nokkra tíma í senn og fyrst um sinn náði dagskráin aðeins til Faxaflóasvæðisins en aðeins um 8.000 sjónvarpstæki voru til í landinu," segir Pétur.

Fyrsta kvöldið hófst dagskráin á ávarpi Vilhjálms Þ. Gíslasonar, útvarpsstjóra, þá var viðtal tekið við Bjarna Benediktsson, þáverandi forsætisráðherra, síðan var sýnd mynd eftir Ósvald Knudsen um byggðir Íslendinga á Grænlandi fyrr á öldum. Að því loknu las Halldór Laxness kafla úr *Paradísarheimt*, þá söng Savanna tríóið nokkur lög, svo var sýndur breskur spennuþáttur, Dýrlingurinn, og að lokum var á dagskrá fréttaþátturinn Úr liðinni viku. [120]

www.ruv.is

Í sambandi

Mikið vatn er runnið til sjávar síðan bændur riðu suður og mótmæltu komu símans til Íslands árið 1905. Nú virðist sem annar hver Íslendingur gangi með farsíma á sér. Þessi ungi maður er einn af þeim sem nýta sér farsíma, en hann var í miðju samtali hjá Alþingishúsinu þegar ljósmyndari Morgunblaðsins festi hann á filmu. [121]

halló, halló!

Tölvan gerði þetta allt mögulegt

Fanney Kristbjarnardóttir safnaði frímerkjum sem barn en byrjaði ekki aftur fyrr en hún fór að fara á sýningar með eiginmanni sínum sem safnar dönskum frímerkum. „Mér fundust unglingasöfn, þar sem safnað var eftir ákveðnum þemum, skemmtileg," segir hún, „en annars fundust mér þessar sýningar bara virkilega leiðinlegar." Það var upp úr þessu sem Fanney fór að velta því fyrir sér hvort ekki væri hægt að gera frímerkjasöfnun skemmtilegri. Hún byrjaði á að setja saman safn um íslenskar konur. Fyrst safnaði hún öllum íslenskum frímerkjum með kvennamyndum og setti þau inn í möppu ásamt upplýsingum um konurnar. Smátt og smátt hefur svo ýmislegt bæst í safnið svo sem bréf til Halldóru Bjarnadóttur og Vigdísar Finnbogadóttur.

Þá hefur hún einnig sett saman minni söfn með frímerkjum sem sýna t.d. borg, bát og blóm og vísnasöfn sem sýna m.a. hana, krumma, hund og svín. [122]

Útlendingar komast ekki á íslensk frímerki

Stefnan í íslenskri frímerkjaútgáfu hefur frá lýðveldisstofnun verið sú að láta eingöngu Íslendinga prýða frímerki þegar um fólk er að ræða. Sú stefna hefur verið tekin að kynna Íslendinga á íslenskum frímerkjum sem og íslenska menningu, náttúru og sögu. „Þetta var stefnan og henni hefur verið haldið. Ef við byrjum á því að falla frá henni væri erfitt að setja mörkin," sagði Gylfa Gunnarssonar, forstöðumann frímerkjadeild Íslandspósts. Danski málfræðing-

urinn Rasmus Kristján Rask er eini útlendingurinn sem hefur prýtt íslenskt frímerki frá því lýðveldið var stofnað. [123]

Mikil snjókoma

Það er ekki alltaf tekið út með sældinni að vera bréfberi og því fékk hún Ragnhildur Gunnarsdóttir að kynnast, þar sem hún var að færa íbúum á Eyrinni bréfin sín í gærdag. „Mokandi hríð" var á Akureyri og leiðindaveður fram eftir degi. Ragnhildur sagði að við svona aðstæður væri alltaf hætta á að bréfin blotnuðu, „enda lekur af ermunum ofan í pokana. Ég hefði betur farið í snjógallann," sagði Ragnhildur. [124]

hafðu samband [125]
·······················
be in touch
·······················
laß von dir hören

Hjá forsetanum

Í tilefni útgáfu bókarinnar *Stafakarlarnir* á margmiðlunardiski tók forseti Íslands á móti Bergljótu Arnalds höfundi verksins á Bessastöðum. „Bergljót kynnti verkið fyrir Ólafi Ragnari en þetta er fyrsta íslenska margmiðlunarbókin sem lifnar við með hreyfimyndum, tónlist og leik," segir í fréttatilkynningu. [126]

Pennavinir

Hæ, hæ.
Ég heiti Ragnhildur og á heima í Súðavík. Ég óska eftir pennavinkonum á aldrinum 10 ára og eldri, ég er sjálf 10 ára. Vil helst stelpur sem eru fjörugar og skemmtilegar og hafa gaman af því að skrifa. Áhugamál mín eru. Skíði, skautar, skrift, lestur, stærðfræði og margt fleira. Bless, bless.
Ragnhildur [127]

Hæ!
Ég er 13 ára stelpa og óska eftir pennavini á aldrinum 13-15 ára. Strákar, ekki vera feimnir við að skrifa. Áhugamál: Badminton, góð tónlist, diskótek, böll, sætir strákar og skellinöðrur.
P.S. Mynd fylgi fyrsta bréfi ef hægt er.
Kristín Þ.
Garðabær [128]

Eftirlýstur:
Pennavinur 11-12 ára gamall.
Ég heiti Davíð og mig VANTAR pennavin. Áhugamál mín eru: Hjólreiðar, tölvuleikir og sjónvarp. Ég svara öllum bréfum. Takið upp blýant og skrifið til:
Davíð
Reykjavík [129]

Um 4.000 hefja nám

Um 4.000 ungmenni, 6 ára gömul, eru nú að stíga sín fyrstu spor á menntabrautinni. Í huga þeirra er eftirvænting og tilhlökkun. Nú þurfa þau fyrsta sinni á ævinni að fara að heiman á degi hverjum og í skóla, þar sem kennarar taka á móti þeim og ætla að leiða þau í allan sannleik um námið og tilveruna utan verndarsvæðis foreldranna.

Ýmsar hættur blasa við þessum ungu þjóðfélagsþegnum. Þau eiga mislangt að fara í skólann og nú er nauðsynlegt að aðrir og reyndari í umferðinni sýni tillitssemi gagnvart þessum ungu meðbræðrum og systrum. Þau skynja hættuna öðruvísi en við hinir fullorðnu, gera sér ekki jafnmikla grein fyrir henni og fullþroska fólk. Því er aldrei nægilega brýnt fyrir þeim, sem í umferðinni eru, að aka varlega, einkum í grennd við skólana. Myrkur færist yfir og því ber að aka með fyllstu gætni í umferðinni. [130]

Stúdentar setja upp húfurnar

Það er ekki aðeins á vordögum sem sjá má fjölda ungmenna með hvíta kolla streyma út úr framhaldsskólum landsins. Á síðustu dögum hafa nýstúdentar víða um land verið að setja upp hvítu kollana og fagna stórum áfanga á menntabrautinni. Hvað svo tekur við er ekki alltaf ljóst en víst er að draumarnir eru margir og margvíslegir. Stúdentar frá Fjölbrautaskólanum í Garðabæ voru útskrifaðir við hátíðlega athöfn í Vídalínskirkju í gær. [133]

Gangi þér vel! [134]

Good luck!

Gut Gelingen!

NÁM

Hátt, hátt til himins

Eldri nemendur Menntaskólans í Reykjavík vígðu í gær nýnema skólans, eða busana, eins og þeir eru kallaðir. Busarnir voru sóttir inn í skólastofurnar og tolleraðir. Þessi busi virtist ekki óttast ferðina til himins enda ófáar hendur tilbúnar að grípa hann þegar niður kæmi. [131]

Þriðjungur íbúa á skrautskriftarnámskeiði

Á dögunum hélt Farskóli Vestfjarða námskeið í skrautskrift hér í sveit. Þátttakan var mjög góð, þrettán manns, og voru konur í meirihluta, tíu talsins, en karlar þrír. Þetta mun vera um einn þriðji íbúa sem eru hér heima yfir veturinn. Þátttakendur töldu sig hafa haft mikið gagn og gaman af. Allir fengu skírteini að námskeiðinu loknu. [132]

Gul gormadýr á dimission

Framhaldsskólanemar í skrýtnum búningum setja um þessar mundir svip á miðborg Reykjavíkur. Kennslu er að ljúka í skólunum og nemar efstu bekkja „dimittera", kveðja skólann áður en síðasta prófestrartörnin hefst. Þetta unga fólk úr Menntaskólanum við Sund hafði búið sig í gervi geðgóða gula gormadýrsins úr bókunum um Sval og Val, sem hoppar á rófunni og tjáir sig með orðunum „húba! húba!" [135]

Elsti nemandinn á níræðisaldri

Konur úr Sambandi borgfirskra kvenna stunda tölvunám af kappi um þessar mundir. Að sögn formanns SBK leitaði félagið til Farskóla Vesturlands er hugmyndin að námskeiðinu kviknaði. Áhugi reyndist mikill og um þrjátíu konur eru skráðar í námskeiðið.

Elísabet Guðmundsdóttir á Skiphyl á Mýrum er elsti nemandinn á tölvunámskeiðinu, en hún er 87 ára. Þegar hún var spurð að því hvað hefði fengið konu á þessum aldri til að hefja tölvunám sagði hún: „Ég get ekki annað sagt en að mig langaði á þetta námskeið. Ég hef aldrei lært neitt, nema það litla sem lífið hefur kennt mér. En ég hef stundum verið að taka saman ýmislegt gamalt en á orðið bágt með að skrifa. Svo er auðveldara að vinna að ættfræðinni í tölvunni," segir Elísabet.

Hún sagðist aldrei hafa stutt fingri á ritvél, en hefði góða von um að tölvan kæmi sér að góðum notum. Hún hefði verið stirð í fyrstu, en væri farin að skrifa og hefði góða von um það að tölvan gagnaðist henni í framtíðinni. [136]

„Ekki eins erfitt og það virðist"

Meðal þeirra 220 kandídata sem brautskráðir verða frá Háskóla Íslands í Háskólabíói í dag [25. október] er Einar Ágústsson sem lýkur BA-prófi í hagfræði, BS-prófi í viðskiptafræði og BA-prófi í heimspeki. 17. júní síðastliðinn lauk hann BS-prófi í stærðfræði, BS-prófi í tölvunarfræði og BS-prófi í eðlisfræði, og hefur hann því lokið alls sex háskólagráðum á árinu. Einar sagði í samtali við Morgunblaðið að námsárangur hans byggðist á ýmsum þáttum og nefndi hann þar helst vinnu, skipulag og námstækni.

Hann sagði að kannski væru háskólanemar yfirleitt ekki nógu fylgnir sér í náminu og hann vonaðist til að þessi árangur sinn yrði til þess að hvetja menn til að huga betur að því hvað hægt væri að gera ef viljinn til þess væri fyrir hendi.

Einar lenti í hrakningum síðastliðið sumar þegar hann týndist í frumskógum Gvatemala og sagðist hann ekki hafa beðið neitt andlegt tjón af því, en líkamlega hefði hann verið mjög þreklaus. Hann væri hins vegar kominn í betra líkamlegt ástand nú en áður, og upp á síðkastið hefur hann verið að læra köfun í Karíbahafinu. [137]

Aldrei fleiri erlendir nemar

Um 250 erlendir stúdentar frá um 40 þjóðlöndum stunda nú nám við Háskóla Íslands. Að sögn Brynhildar Brynjólfsdóttur, deildarstjóra nemendaskrár, hafa þeir aldrei verið fleiri. Í fyrra voru þeir rétt rúmlega tvö hundruð. Þessir nemendur koma víða að, flestir frá Norðurlöndunum, Þýskalandi og Bandaríkjunum, en einnig eru dæmi um nemendur frá t.d. Perú, Georgíu og Ástralíu.

Að sögn Brynhildar stunda erlendu nemendurnir nám í flestum deildum, en um 80 þeirra eru í íslensku fyrir erlenda stúdenta. Um 135 erlendu stúdentanna eru í Háskólanum á eigin vegum eða vegna styrkja frá menntamálaráðuneytinu en 115 þeirra eru á vegum stúdentaskiptaáætlana Alþjóðaskrifstofu háskólastigsins.

Að sögn Karítasar Kvaran, staðgengils framkvæmdastjóra Alþjóðaskrifstofunnar, fjölgar erlendum stúdentum á vegum skrifstofunnar á ári hverju. Sú fjölgun byggist einkum á því að Háskólinn hefur boðið upp á æ fleiri námskeið sem kennd eru á ensku. [138]

www.hi.is

[6] Í sambandi · In Contact

Trú · Belief

Trolls, elves, and fairies still exert some power over daily activities, even in the city. It's not so unusual for crews to alter the intended course of a road in order to avoid offending the resident beings of any suspect rock. Just as Hollywood has maps with the homes of the stars, the travel boards of Hafnarfjörður and Ísafjörður offer directions to the homes of the "hidden people"!

[112] Sjö-níu-þrettán: literally, seven-nine-thirteen.

[113] Night trolls caught in the rays of the morning sun are said to turn to stone.

[116] Skálholt: cf. 64.

[117] Maríu mey: cf. 177n.

[118] Civil confirmations have been offered through private channels in Reykjavík for the past decade; classes emphasize ethics, civil responsibility, and the environment.

[119] The original Dómkirkjan was built with a flawed design, poor materials, and unskilled labor (cf. 79).
-This was the period of the Lakagígar eruptions of 1783–84, when as many as 10,000 people died of starvation as a result.
-Bjarni Jónsson (1881–1965), known for his wit, served as the priest of Dómkirkjan 1924–51. In 1952 he ran for the presidency of Iceland, but lost to Ásgeir Ásgeirsson, who served 1952–68 (cf. 90n, 122n, 126, 223n, 224).
-Páll Ísólfsson (1893–1974), a well-known composer, was organist for Dómkirkjan 1939–68.

Halló, halló! · Hello, hello!

[120] Ósvaldur Knudsen was a famous filmmaker; his work is being carried on by his son, Vilhjálmur.

[121] In 1905 farmers rode to protest the coming of the telegraph—not because of the technology, but against the cables; they favored the newly invented cableless version that they felt would be more cost effective and reliable. Today Iceland has one of the highest per capita usage of mobile phones in the world!

[122] Halldóra Bjarnadóttir (1873–1981), was an educator and advisor with special interest in domestic sciences and the advancement of women's societies in Iceland and abroad.
-Vigdís Finnbogadóttir, fourth president of Iceland (1980–96), was the first woman in the world elected to head a democratic government (cf. 224).
-Hani, krummi, hundur, svín, / hestur, mús, tittlingur; / galar, krunkar, geltir, hrín, / gneggjar, tístir, syngur. A popular children's poem, possibly by Páll Vídalín (1667-1727): Rooster, raven, dag, pig, / horse, mouse, bunting; / crow, caw, bark, squeal, / neigh, chirp, sing (cf. 64n; 110).

[123] Rasmus Christian Rask (1787–1832): a Danish linguist, Rask's study of Icelandic helped to promote Iceland's language and culture abroad.

[124] Snjógallur: one-piece, hooded snowsuit.

[126] A farm once owned by Snorri Sturluson, Bessastaðir became the official residence of the President of Iceland under the country's first president, Sveinn Björnsson, 1944–52 (cf. 52, 89n; 90n, 119n, 122n, 223n, 224).

[127–129] Pennavinir is a regular weekly feature of Morgunblaðið.

Nám · Studies

Because the ages of students do not exactly correspond to school divisions in the US, translation of school names in English can vary, depending on what is decided for use by individual schools. Therefore, some menntaskóli in this book are called "college," some "junior college," and some "senior high." Officially, schools are grouped as follows: Leikskóli (playschool): 6 mos.–6 yrs. Grunnskóli (compulsory): 7–16 yrs. Framhaldskóli (secondary): 17–21 yrs. There are several types of framhaldskóli, including academic (menntaskóli), technical (tækniskóli), and trade (iðnskóli). Háskóli (college/university): ongoing. Distance learning (fjarskóli) is also a popular educational option.

[130] Um 4000: a 1997 editorial.

[131] Because "busar" is a masculine noun, the student, even if female, is referred to in the masculine, *hann*!

[133] Graduation from framhaldskóli generally takes place twice a year, in May and December (cf. section intro above).

[135] Marsupilami: Spiro and Fantasio books by André Franquin.

Sköpunargleði [7]
Joy of Creation

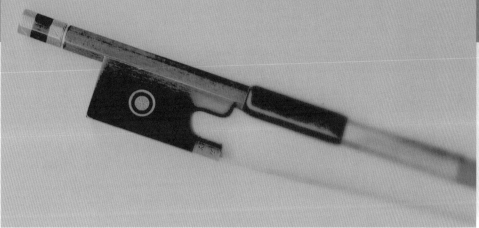

From the days of the Sagas, written down from oral tradition in the 13th century, Icelanders have been contributing to global arts, and today Icelandic authors can be found in translation throughout the world. Artists and filmmakers are drawing attention in all markets, and while dancing was banned under Danish rule, Icelanders have welcomed it back to their lives with enthusiasm.

tónlist

Emilíana „poppfrík" á sumrin

Eftir um tvær vikur kemur út geisladiskur með lögum úr leikritinu Veðmálinu sem sýnt er í Loftkastalanum um þessar mundir.

„Ég syng þrjú lög," segir Emilíana Torrini. „Eiginlega er ég pínulítið öfundsjúk yfir að hafa ekki gert plötu og átt þessi lög sjálf. Sum lögin eru algjört æði." Hún bætir brosandi við: „Ég verð alltaf svo mikið poppfrík á sumrin."

Annars hefur Emilíana í nógu að snúast þessa dagana. Hún er að flytja í Kópavog. „Ég er að ljúka við að mála og gera allt fínt. Það halda allir að ég sé að flytja inn í risastórt hús vegna þess að ég sé svo rík. Svoleiðis er það nú ekki. En þetta er allavega staður til að búa á."

Draumastaðurinn er hins vegar í Mosfellsdalnum. „Þar vildi ég helst búa með svín, beljur og hesta," segir hún. „Það væri gott að komast úr bæjarskarkalanum og fá næði." [140]

Shady Owens og Hljómar, vinsælasta hljómsveit sjöunda áratugarins, rifja upp gömlu góðu dagana nýlega. Hljómsveitin The Beatles var einmitt á þessum árum að sigra heiminn og þá sögu þekkja flestir. Hljómar voru á sama tíma að sigra í samkeppninni um hylli unga fólksins á Íslandi. Ásamt Shady eru á sviðinu Rúnar Júlíusson, Engilbert Jensen, Erlingur Björnsson og Gunnar Þórðarson. [139]

Glöð fyrir hönd ömmu

Björk Guðmundsdóttir hlýtur tónlistarverðlaun Norðurlandaráðs árið 1997, en verðlaunin verða afhent í Ósló 3. mars næstkomandi.
Að sögn dómnefndarinnar sem valdi Björk varð hún fyrir valinu þar sem hún hafi þróað sinn eigin stíl og ævinlega verið trú hugsjónum sínum. Henni hafi tekist að þróa list sína í mörg ár með „hámarksástríðu" og vinsældir hennar út um allan heim væru miklum tónlistarhæfileikum að þakka.
Í samtali við Morgunblaðið segist Björk hafa fátt að segja um verðlaunin annað en það að hún sé harla glöð. „Afhendingin verður á afmælinu hennar ömmu og við erum að pæla í því að fara saman að taka á móti þeim," segir hún. „Ég vissi ekki hvaða verðlaun

þetta voru þar til Sjón hringdi í mig og hélt langa ræðu um þau og hversu merkileg þau væru. Ég er svo mikill pönkari og bólusett fyrir verðlaunum, tek yfirleitt ekki mark á svoleiðis. Ég er fyrst og fremst glöð fyrir hönd ömmu. Ég vona að ég hljómi ekkert vanþakklát, en ég fer alltaf í varnarstöðu þegar ég fæ verðlaun, finnst að fólk eigi ekki að fá verðlaun fyrr en það er orðið þreytt og gamalt og þegar það er búið að gera allt sem það getur, búið að kreista úr því allt og ég er rétt að byrja," sagði Björk Guðmundsdóttir. [141]

Boðið til Japans með fiðluna sína

Tíu ára stúlku úr Njarðvík, Erlu Brynjarsdóttur, sem stundar fiðlunám við Suzuki skólann í Reykjavík hefur verið boðið til Japans. Þar verður hún ein af sextán börnum frá Evrópu sem hafa verið valin til að flytja tónlist í tengslum við vetrarólympíuleikana sem fram fara í bænum Nagano í febrúar næstkomandi.

Þrátt fyrir ungan aldur hefur Erla þegar vakið athygli fyrir hæfni sína og í vor lék hún einleik með Sinfóníuhljómsveit Íslands, þá 9 ára. Í umsögn Morgunblaðsins um frammistöðu Erlu segir: „Hún lék af öryggi, leikur hennar hreinn og gæddur töluverðri reisn." [142]

ææfingin skapar meistarinn [143]

practice makes perfect

Übung macht den Meister

Tríó Reykjavíkur heldur tónleika í Hafnarborg á laugardagskvöld með Sigrúnu Hjálmtýsdóttur. Á æfingu í vikunni voru gestir tríósins tveir og var Melkorka dóttir Sigrúnar í hlutverki áhorfanda. [144]

Sólarhringstörn

Kristján Jóhannsson óperusöngvari og Mótettukór Hallgrímskirkju gerðu það ekki endasleppt á sunnudag þegar útlit var fyrir að fresta yrði tvennum tónleikum á Akureyri vegna ófærðar. Kristján og kórinn létu sig ekki muna um að aka í rútu til Akureyrar, halda þar tvenna tónleika og keyra síðan suður aftur í einum rykk. Allt ferðalagið með viðkomu á Akureyri tók því tæpan sólarhring.

„Þetta var mikið ævintýri og ég er mjög þakklátur kórnum fyrir að taka svona skemmtilega vel í þetta allt saman," sagði Kristján í samtali við Mbl. „Kórinn notaði tímann í rútunni til að hita upp og það var hálfgerð Verslunarmannahelgarstemmning yfir þessu hjá okkur. Eftir fyrri tónleikana gáfum við okkur rétt tíma til að fá okkur kaffisopa áður en við skelltum okkur í seinni tónleikana. Þeim var lokið um hálffeitt og þá stukkum við beint upp í rútuna og keyrðum suður. Við komum ekki til baka fyrr en klukkan sjö morguninn eftir og sumir í kórnum þurftu að fara beint í vinnu, upp á húsþök eða inn í kennslustofur. Ég veit að allir Akureyringar eru óskaplega þakklátir því hvað kórfólkið lagði hart að sér við að gera þetta að veruleika," sagði Kristján.

Framundan eru tvennir tónleikar hjá Kristjáni í Hallgrímskirkju en eins og kunnugt er seldust allir miðar upp á svipstundu á fyrstu tónleikana og var þá bætt við tónleikum til að koma til móts við þá fjölmörgu sem þyrsti að hlýða á Kristján syngja. „Síðan ætlum við að eiga yndisleg jól í faðmi fjölskyldunnar hér á Íslandi." [145]

www.sinfonia.is

LISTIR

Dulrænan í verkum Kjarvals

Sýning á verkum Kjarvals í eigu Listasafns Reykjavíkur verður opnuð í austursal Kjarvalsstaða í dag. Verkin gefa innsýn í fjölbreytt stílbrögð listamannsins með áherslu á landslagsmyndir, mannamyndir og verk með því dulræna inntaki sem Kjarval heillaðist af.

Árlega eru haldnar a.m.k. tvær sýningar á verkum Kjarvals að Kjarvalsstöðum, þar sem leitast er við að kynna verk listamannsins með ólíkum áherslum hverju sinni. [146]

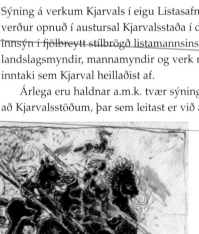

betra er berfættum en bókarlausum að vera [147]

better to be barefoot than without books

lieber barfuß als ohne Bücher sein

www.listasafn.is

Söngur Helga Þorgils

Listasafn Hallgrímskirkju og Listvinafélag kirkjunnar hafa boðið Helga Þorgils Friðjónssyni myndlistarmanni að sýna verk sín í Hallgrímskirkju nú um jólin og verður sýningin opnuð á morgun, fyrsta sunnudag í aðventu. Á sýningunni verður m.a. málverkið Heilaga fjölskyldan, meðvitað valið með stund og stað í huga, og stóra málverkið Söngur jarðarinnar – Kór alheimsins, þriggja metra langt verk sem hann málaði 1994, og er óður til umhverfisins. Þar syngjast á íslensk náttúra og englakór himinsins. „Himinninn er eins og sálmur sem við horfum biðjandi til . . ." lét Helgi Þorgils hafa eftir sér fyrir mörgum árum. [148]

„Tilviljun getur gert miklu betur"

Davíð Þorsteinsson er eðlisfræðikennari í Menntaskólanum í Reykjavík. Hann er einnig ljósmyndari og var að sögn einn afkastamesti áhugaljósmyndari landsins þegar mest var og tók þá tvær filmur á viku. „Úr því urðu kannski þrjár góðar myndir á ári," segir Davíð sem tók flestar myndirnar á litla 35 millimetra vél. „Til að ná góðum myndum þá þarf maður að vera afkastamikill, vera eins og ljón á eftir bráð því annars fær maður ekkert.

„Mokka var lengi mitt aðal- og uppáhalds kaffihús enda sýndi ég þar fjórum sinnum. Ég kom þangað inn til að fá mér kaffi þegar ég sá að gamla konan var að varalita sig. Ég náði tveimur eða þremur myndum án þess að hún tæki eftir mér. Þessi mynd gæti verið uppstillt en hún er það ekki." [149]

Nýjar bækur

Kona verður til

Um skáldsögur Ragnheiðar fyrir
fullorðna eftir Dagnýju Kristjánsdóttur
er komin út.

Ragnheiður Jónsdóttir (1895-1967)
samdi níu skáldsögur fyrir fullorðna á
árunum 1941–1967. Þær fjalla um konur í
innri og ytri átökum á miklu breytinga-
tímabili í sögu þjóðarinnar.

Í bókinni fjallar Dagný Kristjánsdóttir
um þessar sögur í ljósi nýrra kenninga
um bókmenntir, sálgreiningu og
femínisma. Dagný fjallar einnig um
viðtökurnar við skáldsögum Ragnheiðar
og menningarumræðu eftirstríðsáranna.

Kona verður til er fyrsta doktors-
ritgerðin sem skrifuð er um íslenskar
kvennabókmenntir. „Þetta er vel skrifað
og spennandi verk fyrir alla áhugamenn
um bókmenntir," segir í kynningu.

Bókin Kona verður til hlaut
tilnefningu í flokki fræðibóka til Íslensku
bókmenntaverðlaunanna 1996. [150]

15 þús. á Perlur & svín

15 þúsundasti gesturinn sem fór á kvikmyndaperluna Perlur & svín var
heiðraður með blómum og bakkelsi sl. fimmtudag. Að sögn Breka
Karlssonar, kynningarstjóra myndarinnar, hafa viðtökur verið framar
björtustu vonum. „Hún stefnir í að verða stærsta íslenska myndin síðan
Djöflaeyjan var sýnd," segir hann. „Langt er liðið síðan íslensk mynd hefur
náð til jafnbreiðs áhorfendahóps og áberandi er að hún kitlar hláturtaugar
unglinga sem og hinna sem eldri eru." [151]

Hagamúsin frumsýnd í Bandaríkjunum

Mynd Þorfinns Guðnasonar, Hagamúsin, var frumsýnd á bandarísku
kapalsjónvarpsstöðinni TBS Superstation hinn 27. desember síðastliðinn.

Sjónvarpsstöðin nær til um 65 milljóna heimila í Bandaríkjunum og
Kanada og má því áætla að talsverður fjöldi hafi séð íslensku hagamúsina.

Að sögn Þorfinns var frumsýning Hagamúsarinnar í Evrópu kynnt
með venjulegum hætti en þegar hún var endursýnd degi síðar var haft á
orði að framleiðendur í Hollywood mættu fara að vara sig. „Ég er ekki
ennþá farinn að dreifa myndinni með formlegum hætti því hefur hún
auglýst sig sjálf." [152]

Á köldum klaka Friðriks Þórs útnefnd

Mynd Friðriks Þórs Friðrikssonar, Á köldum klaka, er í hópi tíu mynda sem
tilnefndar eru til Felix-verðlaunanna sem besta kvikmynd ársins í Evrópu 1996.

Friðrik segir slaginn um verðlaunin verða harðan því meðal mynda sem
keppt er við eru „Trainspotting" eftir Danny Boyle, „Secrets and Lies" eftir
Mike Leigh sem fékk Gullpálmann í Cannes í vor og „Breaking the Waves"
eftir Lars von Trier. „Þetta eru miklir hákarlar og þetta er hálfvonlaust. Við
erum mjög ánægðir með að hafa komist í hóp þessara tíu mynda
og það er mikill sigur fyrir myndina.

Ítalski kvikmyndaleikstjórinn Ettore Scola er formaður
dómnefndar og hann er mikill vinur minn þannig að ef myndin
kæmist í úrslit yrði það í gegnum klíku," sagði Friðrik Þór. [153]

Peysuföt og grímubúningar á vordegi

Vorið er tími prófa og áður en þau skella á nemendum af fullum þunga fá þeir tækifæri til að gleðjast lítillega. Útskriftarnemendur Menntaskólans í Reykjavík og 3. bekkur Kvennaskólans í Reykjavík gerðu sér ósvikinn dagamun í gær. MR-ingar í margvíslegum gervum og skrautlegum grímubúningum á dimmissjón þar sem þeir heiðruðu meðal annars kennara sína, en nemendur Kvennaskólans klæddu sig upp í peysuföt og skyldar flíkur og stigu dans á Ingólfstorgi. [154]

Línudans í Hagkaupi

Kúrekatónlist ómar úr verslunum Hagkaups í Kringlunni á morgnana, en þar mætir starfsfólk snemma til vinnu og stígur ýmis afbrigði af kúrekadönsum, svokölluðum línudönsum, áður en opnað er kl. 10.

Harpa Guðmundsdóttir, aðstoðarverslunarstjóri sérverslunar Hagkaups, segir undirtektir vera afar góðar. „Öllum finnst skemmtilegt að byrja daginn á þennan hátt, dansinn lyftir okkur heilmikið upp og við erum betur í stakk búin að takast á við dagsins önn." [155]

Í 14. sæti á dansmóti

Ísak Halldórsson og Halldóra Reynisdóttir náðu að lenda í 14. sæti í German Open Championship sem haldin er árlega í Þýskalandi. Keppnin í ár var haldin í Mannheim dagana 19.–23. ágúst sl.

Í 8 dansa keppninni voru skráð 122 pör og lentu þau Ísak og Halldóra þar í 14. sæti. Í latin-dönsum voru skráð 140 pör en þar lentu þau í 32. sæti. Í standard-dönsum var skráð 131 par og lentu þau í 30. sæti.

Ísak og Halldóra eru bæði 14 ára gömul og eru margfaldir Íslandsmeistarar.

Níu dómarar dæmdu keppnina. Í fyrstu sætunum í hópi unglinga voru pör frá Rússlandi, Slóveníu, Litháen og Úkraníu. [156]

Ballettdansarar framtíðarinnar

Jóladanssýning Ballettskólans á Akureyri var haldin í Íþróttahöllinni á dögunum og sýndu þar um 40 nemendur. Stúlkur á ýmsum aldri og einn piltur sýndu foreldrum sínum og öðrum aðstandendum hvað þau höfðu lært í skólanum að undanförnu og sáust oft glæsileg tilþrif. Þarna mátti sjá efni í framtíðarballettdansara og ef fram heldur sem horfir verður ekki skortur á frambærilegum dönsurum í bæjarfélaginu þótt vissulega mættu fleiri piltar æfa þessa listgrein. [157]

Allir dansa konga

Það er jafnan líf og fjör á leikskólanum Gerðuvöllum í Hafnarfirði og þar dönsuðu krakkarnir konga þegar ljósmyndari smellti af myndinni. [158]

Viltu dansa?

hoppa af kæti [159]
....
dance for joy
....
tanzen vor Freude

„Húsfyllir og frábær stemmning"

Breikdanskeppni var haldin á Broadway á fimmtudaginn og var húsfyllir af áhugasömum unnendum dans og tónlistar.

„Þessi keppni var hugsuð sem kynning og upplyfting fyrir breikdans á Íslandi. Við erum að byrja aftur en það er gífurlegur áhugi fyrir þessu. Við leyfðum áhorfendum að fara út á dansgólfið í einu dómarahléinu. Allt í einu var komið fullt af fólki á gólfið sem var að leika sér að því að breika. Það er því engin spurning um að áhuginn er fyrir hendi. Þetta var alveg frábært og vel þess virði að mæta á staðinn," sagði Haukur Agnarsson hjá Breikdansfélagi Íslands. [160]

[7] Sköpunargleði · Joy of Creation

Tónlist · Music

[141] Sjón: pen name of Sigurjón Birgir Sigurðsson (b. 1962), author of surrealistic prose and poetry.

[144] Sigrún Hjálmtýrsdóttir, a.k.a. Diddú, is Iceland's most popular soprano. She extends her versatility to popular music, stage, and film.

[145] Kristján Jóhannsson (b. 1949), a renowned baritone and native of Akureyri, has performed in most of the major concert halls of the world.

-Motet Choir: the choir of Hallgrímskirkja is considered one of the best in Iceland—no small feat in a nation that enjoys many excellent choirs throughout the country.

-Hallgrímskirkja: Iceland's largest church and at 73 m, Iceland's tallest building (cf. 168n), named for Rev. Hallgrímur Pétursson, 1614 –74, the country's most beloved poet.

-Verslunarmannahelgi: known in translation as the "Bank Holiday," it literally means the "businessmen's weekend." Every year stores close on the weekend closest to the first Monday in August as Iceland takes a national vacation. People use the time to visit relatives or to go out to the country, where they can participate in planned events, including concerts. With the midnight sun in full swing, the celebrations can go 'round the clock! (cf. 38n, 75n).

Listir · Arts

Icelanders representing all of the arts are gaining international recognition, from music to art to film.

[146] Jóhannes S. Kjarval (1885–1972): one of Iceland's most influential painters, considered to be the ultimate romantic bohemian artist. As of 1998, the Kjarval Collection contained 5,350 works of art.

-The exhibition hall Kjarvalsstaðir is part of the Reykjavík Art Museum; in 1972 it hosted the world chess championship with Bobby Fischer and Boris Spassky.

[147] Betra er berfættum en bókarlausum að vera: most of the world's great literature and much popular work have now been translated into Icelandic. With 100% literacy, the country enjoys more book sales per person than any other nation in the world (cf. chapter 12b notes).

[148] Helgi Þorgils (b. 1953) is one of Iceland's best-known modern painters in the new figurative style.

[149] Mokka, Reykjavík's oldest coffee house and popular meeting place for artists; it regularly hosts exhibitions.

[151] Djöflaeyjan: a film by Friðrik Þór Friðriksson (cf. 153).

[152] *Hagamúsin* (The Wood Mouse): this family film is now available on video from National Geographic as *Life on the Run*.

[153] Friðrik Þór: cf. 151n.

Viltu dansa? · Want to dance?

[154] Kvennaskólinn (The Girls School in Reykjavík) was founded in 1874, serving as a stepping-stone for women's rights at a time that girls had no access to secondary education. Coeducational since 1977, "Kvenno" is now an accredited menntaskóli (cf. chapter 6c notes).

-Menntaskólinn í Reykjavík (Reykjavík Junior College) draws its roots from the school at Skálholt, founded in 1056 (cf. 64n, 116).

[155] Country western dancing has enjoyed great popularity, especially in the northern town of Skagaströnd.

[156] The pair went on to win Icelandic and European championships.

[157] Helgi Tómasson, a native of Reykjavík, began dancing in Iceland, his studies taking him to the Pantomime Theatre in Copenhagen's Tivoli Gardens and to New York's School of American Ballet. Known as one of the finest classical dancers of his era, Helgi danced with the Joffrey Ballet and Harkness Ballet before becoming the Artistic Director of the San Francisco Ballet in 1985.

[160] Broadway is the popular salon of Hótel Ísland, where many of Iceland's leading entertainers put on their shows (cf. 185).

Íþróttir
Sports

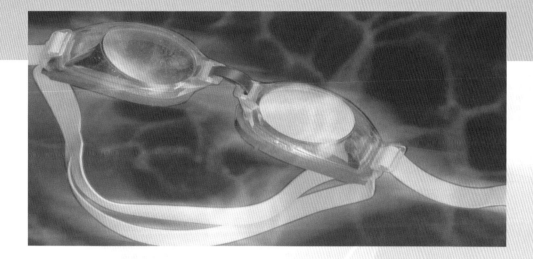

Iceland has been impacting world athletics in impressive proportion to its population. Skiing, swimming, and track and field are just a few of the sports where Icelanders can be found in the record books. Even on the local scene, sports are an important part of daily life in Iceland— teams are followed with vigor (especially handball and soccer!) and individuals take part in their favorite pastimes regularly.

„Ég á mér draum"

„Það er alltaf gaman að koma heim í mat til mömmu, það er bara verst hvað ég staldra stutt við núna, aðeins í þrjá daga," sagði Guðrún Arnardóttir, hlaupakona úr Ármanni, en hún varð fjórfaldur meistari á meistaramótinu. Hún sigraði með yfirburðum í 100 m hlaupi, 100 m grindahlaupi, þar sem hún setti meistaramótsmet þrátt fyrir strekkingsmótvind, hljóp á 13,94 sek. og bætti fyrra meistaramótsmet um 26/100 úr sekúndu. Yfirburðir hennar voru engu minni í 400 m hlaupi. Þá innsiglaði Guðrún sigur Ármanns í 4x100 m boðhlaupi er hún hljóp lokasprettinn. Hún gat hins vegar ekki tekið þátt í sinni eftirlætisgrein, 400 m grindahlaupi, þar sem hún hélt til Bandaríkjanna á sunnudagsmorguninn til þess að reka smiðshöggið á undirbúning sinn fyrir HM í Aþenu ásamt þjálfara sínum Norbert Elliott. Grindahlaupið fór einmitt fram á sunnudeginum.

Þátttaka Guðrúnar á meistaramótinu var síðasti liður hennar í röð móta sem hún hefur tekið þátt í síðustu vikurnar í Evrópu og árangurinn hefur verið góður. „Það var helst í mótinu í Nice á miðvikudaginn sem ég náði mér ekki á strik, en hin hafa verið góð," sagði Guðrún. „Ég er í góðri æfingu og líður vel, ekki ósvipað og á sama tíma í fyrra þegar Ólympíuleikarnir voru framundan."

„Ég á mér draum varðandi HM en ég er ekki tilbúin til að upplýsa hver hann er. Ég skal segja frá honum að keppni lokinni, hvernig sem gengur." Til þess að komast í úrslitin sagðist hún reikna með að þurfa að hlaupa á 54,50 sekúndum. „Hugarfarið er í lagi hjá mér, ég hef trú á sjálfri mér, ég er í góðri æfingu og þegar búið verður að lagfæra tæknimálin er ég bjartsýn." [161]

Ég nýt augnabliksins

Kristinn Björnsson frá Ólafsfirði varð í öðru sæti á fyrsta heimsbikarmóti vetrarins í svigi í Bandaríkjunum á laugardagskvöldið og hefur afrek hans vakið mikla athygli hjá erlendum fjölmiðlum. Þetta er langbesti árangur sem íslenskur skíðamaður hefur náð og meðal glæsilegustu afreka í íslenskri íþróttasögu.

Allir bestu svigmenn heims voru saman komnir í Park City í Utah en Kristinn skaut þeim öllum ref fyrir rass nema Austurríkismanninum Thomas Stangassinger sem sigraði.

Kristinn byrjaði ungur að stunda skíðaíþróttina. Hann hefur oft fagnað sigri en annað sætið um helgina var stærsti sigur hans til þessa. Þrátt fyrir glæsilegan árangur er Kristinn jarðbundinn. „Þessi árangur í Park City gefur mér ekkert í næstu mótum," sagði hann. „Ég reyni aðeins að njóta augnabliksins meðan það varir og síðan tekur næsta verkefni við. Ég reyni ávallt að gera mitt besta." [162]

Kristinn á verðlaunapalli eftir sigur í svigi og stórsvigi á Andrésar andar-leikunum 1981, þá átta ára, og t.v. í keppni nýlega á Íslandi.

Get stokkið enn hærra

„Ég er í góðri æfingu og stökk betur í dag en um síðustu helgi," sagði Vala Flosadóttir, Evrópumeistari í stangarstökki kvenna, eftir að hafa farið yfir 4,15 metra á móti í Malmö í Svíþjóð á sunnudaginn. Hún var mjög nálægt því að bæta Íslands- og Norðurlandametið [sem er 4,20 m] en hefur e.t.v. verið að spara kraftana þar til á ÍR-mótinu í Laugardalshöll næsta laugardag [24.1.1998], þar sem hún er nánast skyldug til að slá metið! [163]

31. janúar 1998
Vala setti norrænt met
Vala Flosadóttir setti Norðurlandamet í stangarstökki kvenna þegar hún fór yfir 4,26 metra á alþjóðamóti í Gautaborg í gær. Hún átti fyrra metið, sem var 4,20.

Vala lét síðan hækka ránna í 4,36 metra, sem engin stúlka hefur farið yfir á árinu, en felldi naumlega. [164]

4. febrúar 1998
Vala setti Evrópumet
Vala Flosadóttir úr ÍR fór yfir 4,35 metra í stangarstökki á frjálsíþróttamóti í Þýskalandi í gærkvöldi. Hún var fyrst kvenna á mótinu til að ná þeim árangri og bætti því Evrópu-metið, sem var 4,33 metrar. Hærra fór hún hins vegar ekki en Daniela Bartova frá Tékklandi jafnaði Evrópumet Völu í næstu tilraun og bætti síðan heimsmetið; stökk yfir 4,41 metra. [165]

6. febrúar 1998
Vala setti heimsmet
Vala Flosadóttir setti heimsmet í stangar-stökki innanhúss er hún stökk 4,42 metra á frjálsíþróttamóti í Bielefeld í Þýskalandi á föstudag. Bætti hún þar með tveggja daga gamalt met Danielu Bartovu frá Tékklandi um einn sentimetra. [166]

Davíð lagði Golíat

Toppökumenn síðustu ára tóku andköf þegar hvert óhappið rak annað hjá þeim í torfærunni á Egilsstöðum. Á meðan tóku ungir og vaxandi ökumenn flugið, óku oft frábærlega í skemmtilegum þrautum keppninnar. Enginn flaug þó betur en Fluga Péturs S. Péturssonar sem vann í flokki sérútbúinna jeppa. Hann vann fyrsta sigur sinn í torfæru á jeppa sem er margfalt ódýrari en jeppar þeirra sem barist hafa um sigur til þessa. Má segja að Davíð hafi lagt Golíat í báðum flokkum torfærunnar, því að í flokki götujeppa vann Akureyringurinn Hallgrímur Ævarsson einnig sinn fyrsta sigur. [167]

Leikfimi í 413,6 metra hæð

Kristján Sævarsson, málari og Íslandsmeistari í parakeppni í þolfimi, notaði matartímann í stökkæfingar er hann vann við að mála langlínumastrið á Gufuskálum.

Mastrið er 412 metrar og stökk Kristjáns hefur mælst 1,6 metrar. Á myndinni er hann því í allt að 413,6 metra hæð.

Kristján, sem sést hér í spíkatstökki, segist ekki hafa haft neina tilfinningu fyrir hæðinni. Hann hefði eins getað verið á jörðu niðri. Aftur á móti er líklegt að margir verði lofthræddir bara af því að horfa á þessa mynd af Kristjáni þar sem hann virðist svífa í lausu lofti yfir Snæfellsnesi. [168]

Æðislega gaman að vinna strákana

Ingibjörg Guðmundsdóttir er ein fárra stúlkna sem stunda júdóíþróttina hér á landi. Hún er 12 ára gömul og keppir fyrir Ármann, var í A-sveitinni á mótinu í Austurbergi um síðustu helgi. Strákarnir áttu í mesta basli með Ingibjörgu, sem er einkar sterkur júdómaður – vann eina glímu, gerði eitt jafntefli og tapaði tvísvar. „Það er æðislega gaman að vinna strákana, rosa fjör. Það er líka miklu skemmtilegra að keppa við þá, því stelpurnar eru feimnari og sækja ekki jafnmikið," sagði Ingibjörg. En hvernig datt henni í hug að fara að æfa júdó? „Ég veit það ekki. Einn daginn kom mamma allt í einu og spurði hvort ég vildi ekki byrja að æfa júdó," sagði hún.

Að eigin sögn, brá henni ekkert við að sjá eingöngu drengi á fyrstu æfingunni. „Ég átti von á því að þarna væru næstum bara strákar. Ég hugsa að allir haldi bara að júdó sé strákaíþrótt. Þess vegna eru svona fáar stelpur að æfa," sagði Ingibjörg. [169]

Dorgkeppni á Reynisvatni

Páll Óskarsson bar sig vel í kuldanum þar sem hann tók þátt í dorgkeppni Dorgveiðifélags Íslands á Reynisvatni í gær. Keppnin er nú haldin sjötta árið í röð og tóku 59 keppendur, á aldrinum 5 til 79 ára, þátt í henni.

Björn Sigurðsson, formaður og einn stofnenda Dorgveiðifélagsins, sagði veiðina hafa verið góða. Það hefðu kannski liðið 10 mínútur frá því keppnin hófst og þar til fyrsti fiskurinn var kominn á land. „Svæðinu er skipt í fjögur svæði þar sem gerðar hafa verið holur í ísinn. Keppendur fá síðan klukkutíma á hverju svæði," sagði hann. „Við veitum verðlaun fyrir fyrsta, flesta, stærsta og minnsta fiskinn og svo verður sá sem veiðir mest, þ.e. flest kíló, Íslandsmeistari í dorgveiði."

Björn, sem kemur frá Akureyri, segir fólk hafa sótt keppnina víða að af landinu enda sé þetta hin besta fjölskylduíþrótt. Götin á ísnum séu það lítil að fólk geti áhyggjulaust leyft börnum þátttöku. [170]

Hin vígalega sveit antík-gengisins, frá vinstri: Haukur Gunnarsson, Karl Maack, Einar Jónsson og Högni Ísleifsson.

315 ára antík-gengi

Kvisast hefur út að nokkrir eldri menn, sem tilheyra hópnum „antík-gengið", iðki badminton í TBR-húsinu við Gnoðarvog og vert væri að gera sér ferð þangað. Það var gert en þegar blaðamaður spurðist fyrir um „nokkra eldri karla" varð fyrir svörum reffilegur badmintonspilari sem sagði að það væru ekki „nokkrir eldri karlar" heldur tveir karlar og tveir krakkar.

Við nánari eftirgrennslan reyndist hér vera á ferð Karl Maack, sem tilheyrði umræddu gengi og útskýrði að karlarnir væru 80 og 84 ára en „krakkarnir" aðeins 74 og 77 ára – og hló dátt. Það varð úr að þeir leyfðu stutt spjall en þá varð blaðamaður að mæta hálftíma áður en þeir áttu tíma á vellinum og síðar kom í ljós hvers vegna.

Fyrir svörum urðu Einar Jónsson 84 ára, Karl Maack 80 ára, Haukur Gunnarsson 77 ára og Högni Ísleifsson 74 ára – hressir karlar og flottir í badmintontauinu. Við settumst að spjalli og þeir létu gamminn geisa með hressilegum hlátraköllum á milli þess sem þeir hentu góðlátlegt – oft svolítið grátt – gaman hver að öðrum.

Þeir félagar hafa spilað í nokkur ár og alltaf haft jafn gaman af enda segja þeir einum rómi að aldur skipti ekki máli ef menn fara

vel með sig. Það sannast á þeim því að samtals eru þeir þriggja alda gamlir og fimmtán árum betur. „Það er tekist á og við erum ekki alltaf sammála. Það er hnakkrifist eða rökrætt ef þurfa þykir og tækifæri gefst. Þar sem Einar er aldursforseti fær hann oft að ráða – við látum hann að minnsta kosti halda það og hlustum ekki alltaf á hann," sögðu þeir næstum einum rómi – Einar reyndi að verja sig. Sjálfur er hann fyrsti Íslandsmeistari í badminton, sigraði árið 1949 þá 36 ára gamall. Síðan í öllum tvíliðaleikjum til fimmtugs. Hann var líka fyrsti formaður TBR og lengi vel yfirdómari á badmintonmótum.

Þegar hér var komið voru karlarnir farnir að iða í sætum sínum og spjallið að renna út í sandinn. Ástæðan – völlurinn var að losna. Það var ekki síður gaman að fylgjast með þeim spila en spjalla. Kappið var mikið, ýmist var hrósað eða skammað og sígildar setningar eins og „grísari" og „jæja, var það ekki" heyrðust ef við átti. [171]

í besta skapi [172]
....
in the best of spirits
....
in bester Laune

Vetrarbolti

Fótbolta er hægt að spila allt árið um kring að því er myndin gefur til kynna. Snjókoman virtist að minnsta kosti ekki aftra leikgleði þessara ungu manna sem spiluðu fótbolta á Tjörninni síðdegis í gær. Mikið hefur snjóað á höfuðborgarsvæðinu undanfarið en óvíst er að allir taki snjónum jafn vel og þessir drengir. [173]

Líkamsrækt

Fékk boltalax í Laxá

Ína Gissurardóttir veiddi 22 punda lax á Presthyl í Laxá í Aðaldal fyrir fáum dögum og er það stærsti lax sem Morgunblaðið hefur haft spurnir af að kona hafi dregið á land á því veiðitímabili sem nú er að ljúka. „Ég var úti á báti á Presthyl með eiginmanni mínum, Halldóri Skaftasyni, og var nýbúin að veiða 10 punda lax. Við vorum að velta því fyrir okkur hvort við þyrftum nokkuð að róa í land til að landa honum og ákváðum að taka hann úti í ánni. Það var gaman að honum enda djöflaðist hann mikið allt í kringum bátinn.

Svo kom þessi stóri og þá var ekki spurning, við sögðum hvort upp í annað að nú yrðum við að fara í land. Þetta tók hátt í klukkutíma og ég réð ekki við neitt. Laxinn ýmist lagðist eða tók út línu eins og hann vildi og svo var komið mikið slý á línuna þannig að ég bjóst alveg eins við því að hann færi bara af. En þetta gekk upp og það var mjög skemmtilegt því við höfðum rétt áður misst annan sem var sennilega enn stærri í Grástraumi," sagði Ína í samtali við blaðið. Laxinn, sem vó 22 pund, hængur, tók maðk.

Verður laxinn svo stoppaður upp?

„Nei, biddu fyrir þér. Ég læt ekki stoppa upp fyrr en ég er búin að fá 30 punda lax. Þessi fiskur er kominn í reyk." [174]

aflakló [175]
....
a great fisher
....
ein guter Fischer

Fékk 28 punda fisk í Vitaðsgjafa

Stökk út í Laxá eftir stórlaxinum

Pétur Steingrímsson í Laxárnesi veiddi á sunnudaginn 28 punda lax í Laxá í Aðaldal. Pétur setti í laxinn á Vitaðsgjafa, en daginn áður fékk hann 22 punda lax sem hann veiddi á Skriðuflúð.

Í samtali við Morgunblaðið sagði Pétur að laxinn hefði verið erfiður. „Hann tók 4–5 metra frá landi. Eftir að ég hafði glímt við hann dágóðan tíma gaf girnið sig. Laxinn var þá orðinn svo dasaður að ég hafði smáráðrúm til að grípa háfinn af Önnu Maríu, konu minni, sem stóð á bakkanum og stökkva á eftir honum út í ána og tókst að hafa hann," sagði Pétur í Laxárnesi.

Pétur hnýtir allar sínar flugur sjálfur. Stórlaxinn tók flugu sem Pétur hnýtti sem túbu og heitir Bill Young, í höfuðið á vini hans. Laxinn sem Pétur veiddi á Skriðuflúð fékk hann hins vegar á nýja flugu sem hann kallaði Wendy til heiðurs eiginkonu Bill Young. [176]

Jón B. Þórðarson,
3 ára, með afla sinn úr
Elliðaánum. [178]

Hjördís Perla Rafnsdóttir, 10 ára, veiddi
maríulaxinn sinn á Fjallinu í Langá fyrir
skömmu, 5,5 punda hæng. [177]

Kristín Ásgeirsdóttir,
með fallega bleikju úr
Elliðaánum. [179]

Hilmar Magnússon lengst t.h. og
fjölskylda hans með 40 laxa sem
hópurinn veiddi á miðsvæðunum í Langá
á tveimur dögum fyrir skömmu. [180]

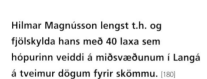

Hressir veiðimenn með fallega veiði í
Ytri-Rangá fyrir fáum dögum, en þar hefur
veiði mjög glæðst. [181]

[8] Íþróttir · Sports

**Mót, met og meistarar ·
Tournaments, records, and champions**

Sports clubs play an important role in the lives of many Icelanders from childhood and into their adult years (cf. 191). Most communities throughout the country have their own associations, and friendly rivalries have long traditions. Ármann (cf. 161) and ÍR (cf. 163) are two of the clubs out of Reykjavík.

Other leading Icelandic athletes include decathlete Jón Arnar Magnússon, who is also Nordic champion in heptathalon; swimmer Örn Arnarson, specializing in backstroke, who holds most current Icelandic records; swimmer Kristín Rós Hákonardóttir, who is Iceland's champion and world-record holder in many events for the disabled; and Eyjólfur (Jolly) Sverrisson, who plays for Hertha in Berlin and is considered by many to be the most valuable defensive player in German soccer. Handball is another popular sport; the Icelandic national team captured 4th place in the 1992 Olympics.

[161] In addition to being Iceland's champion, Guðrún is a top competitor on the international circuit.

[162] Kristinn is ranked as one of the world's top 20 slalom skiers.

[163] Vala has been one of the world's leading women indoor pole vaulters since the introduction of the sport in the mid '90s.

[167] Torfæra is off-road driving taken to the extreme, with highly modified vehicles that take safety as a top consideration. Drivers participate on courses carved out of the rugged Icelandic landscape, attempting hillsides with slopes nearly vertical. The sport has become a popular pastime, and a natural one for a country with such a challenging terrain! Enthusiasts from around the world now come to find out more, and a family-oriented version of off-road travel has its own club, with getaways to the once-inaccessible highlands becoming the norm.

Líkamsrækt · Exercise

[168] Kristján also climbed Gufuskálar in 1997 in order to place a 1.5 m tree at the top of the tower, making it the tallest Christmas tree in the world! Built by the US as a loran station, Gufuskálar is now used as a broadcasting tower by Icelandic National Radio. Landsbjörg also uses the tower to facilitate ICEREP communications. At one time it was the highest construction in Europe; it remains the highest structure in Iceland—by far! (cf. 32n, 145n).

[172] Í besta skapi: to be known for your good moods is a major compliment!

[173] Soccer is a beloved sport in Iceland; local teams are followed faithfully, and German and English matches are broadcast regularly. In November 1999 a group of Icelanders bought the British soccer team Stoke City, which is now managed by Guðjón Þórðarson, former head coach of Iceland's national team.

**Eru þeir að fá 'ann? ·
Are they catching 'im?**

Eru þeir að fá 'ann: renowned for its superb salmon fishing, Iceland has long been visited by devout anglers from around the world. Icelanders take to the sport with a passion, so it wasn't surprising that when this Morgunblaðið column was started in 1988 it became an immediate success—and led to an annual angling yearbook, now summarized in English.

The mayor of Reykjavík traditionally opens the fishing season in June by casting out the first line—even if, as the current mayor, Ingibjörg Sólrún Gísladóttir, has had to do, they must take up the sport for the first time!

Being a sport of patience, fishing brings out one's true character. As has been said in Iceland, "innræti manns kynnist maður best í veiðiferð"—one's true disposition shows itself best while fishing.

[177] Maríulax: the "Mary salmon," named for the Virgin Mary; traditionally, the first fish caught by fishermen at sea was dedicated to Mary. Now this term is used to indicate the first salmon a fisherman pulls in; it is customary to take a bite out of its back to assure future salmon catches—it is not, however, mandatory to swallow! (cf. 117)

[9] Hátíðir
Holidays

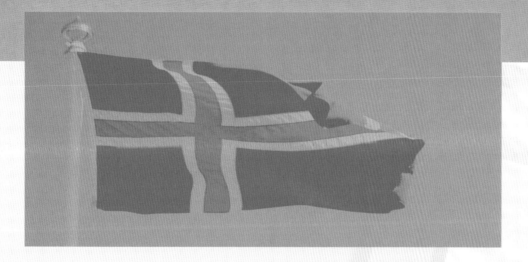

Holidays are taken seriously in Iceland, if only for the time off from routine. During Christmas and Easter, stores close, newspapers are put on hold, and mass transportation is either cancelled or restricted—a most logical thing to do, since the people behind these activities are as eager for a vacation as their patrons. Perhaps this ability to relax is one of the reasons that Icelanders consider themselves among the happiest people on earth!

Jólaklippingin

Hundurinn Sesar, sem
er tveggja ára enskur
veiðihundur, fór í árlega
jólaklippingu sína í gær.
Snyrtur var á honum
allur feldurinn með
rafmagnsklippum á
sérstakri hundasnyrtistofu.
Að klippingu lokinni var
Sesar settur í jólabaðið og
lét hann sér meðferðina vel
líka. Og Sesar minnir okkur
á að nú fer hver að verða
síðastur að fara í
jólaklippinguna. [182]

Gleðileg jól [184]

Merry Christmas

Fröhliche Weihnachten

Jólahátíð fyrir útlendinga

Á jóladag mun Hótel Ísland efna til jólahátíðar fyrir
þá útlendinga sem staddir eru hér yfir hátíðirnar.
Þarna verða samankomnir þeir útlendingar, sem dvelja á hótelum
borgarinnar um jólin, alls 300 manns. Eru aðrir útlendingar svo og
Íslendingar velkomnir á hátíðina, segir í frétt frá Hótel Íslandi.

Boðið verður upp á jólahlaðborð, Söngsystur skemmta og Ómar
Ragnarsson kemur fram við undirleik Hauks Heiðars. Þá verður
gengið í kringum jólatréð. [185]

Ys og þys á pósthúsum

Nóg hefur verið að gera á pósthúsum
landsins nú í desember, enda margir
sem þurfa að koma bréfum og
bögglum til ættingja um allt land eða í
útlöndum. Enginn formlegur skilatími
er á jólapóstinum innanlands en
bréfapósti til Norðurlandanna þarf að
skila fyrir 18. desember og í dag,
föstudag, rennur út fresturinn til að
koma bréfapóstinum til annarra landa í
Evrópu. Bögglana eru vonandi allir
búnir að senda af stað. [183]

Fyrstur til byggða

Fyrsti jólasveinninn kom til
byggða í nótt og fór víða
enda skór í mörgum
gluggum.

Næstu tólf dagana er
von á hinum bræðrum hans
og munu þeir trúlega hafa
sama háttinn á, stinga
einhverju í skó hér og þar,
svo framarlega sem börnin
hafi verið þæg og góð.
Færið var nokkuð misjafnt
fyrir sleðann og víst vildu
þeir bræður gjarnan vilja sjá
meiri snjó til að auðvelda
sér yfirferðina. [186]

Jólastjarna á hvert heimili

Um 50 þúsund jólastjörnur munu gleðja augu landsmanna nú í skammdeginu sem undanfarin ár, og lætur nærri að framleiðslan jafngildi því að ein jólastjarna fari inn á hvert heimili í landinu. Meðal stærstu framleiðenda Jólastjarna er Sigurður Þráinsson garðyrkjumaður í Hveragerði en í gróðrarstöð hans eru ræktaðar um 8 þúsund jólastjörnur. Sigurður segir að jólastjarnan sé skammdegisplanta sem eigi uppruna sinn að rekja til Mexíkó. Íslenskir garðyrkjumenn flytja hins vegar inn rótaða græðlinga frá Evrópu seinnipartinn í júlí og í byrjun ágúst, og um haustið þegar plönturnar hafa náð vexti er umhverfi þeirra myrkvað þar til rauður litur er kominn á háblöð plantnanna. Þær eru síðan ræktaðar inn í skammdegið þar til fullum vexti er náð, en margir bændur nota lýsingu í gróðurhúsum sínum fram til þess tíma er plönturnar fara á markað. [187]

Kveikt á Óslóartrénu

Enn á ný hafa Óslóarbúar sent Reykvíkingum jólatré á sinn fasta stað á Austurvelli. Kveikt var á trénu sl. sunnudag með hefðbundinni athöfn, í blíðviðri og að viðstöddu fjölmenni á öllum aldri. Auk ávarpa og jólatónlistar skemmtu jólasveinar gestum með uppátækjum sínum. [188]

Jólasveinar gefa blóð

Fjórir jólasveinar af þrettán brugðu sér til borgarinnar í gær og var erindið nægjanlega brýnt til að koma aðeins fyrr til byggða en lög gera ráð fyrir, þ.e. þörf Blóðbankans fyrir innlagnir. Sveinn Guðmundsson yfirlæknir Blóðbankans segir að í desember sé hætta á að bankinn gleymist hjá blóðgjöfum í jólaösinni.

„Jólasveinarnir komu á undan áætlun til að létta á sér fyrir streðið framundan og þótt þeir séu komnir yfir aldursmörkin, eða á milli 200 og 300 ára gamlir en ekki á aldrinum 18-60 ára eins og reglur kveða á um, ætlum við að taka þeim blóð. Við sveigjum reglurnar aðeins í þessu tilviki enda eru þeir rjóðir í kinnum og sællegir," segir Sveinn. [189]

„Verum gáfuleg"

Blindrafélagið hefur gefið öllum tólf ára grunnskóla-
nemum á landinu hlífðargleraugu og vill með því
framtaki leggja sitt af mörkum til þess að hvetja alla
sem umgangast flugelda til að sýna aðgæslu um ára-
mótin, m.a. með því að nota hlífðargleraugu. Yfirskrift
þessa átaks Blindrafélagsins er „Verum gáfuleg með
gleraugu um áramótin". [190]

Síðbúin þrettándagleði

Akureyringar fjölmenntu á síðbúna þrettándagleði Íþróttafélagsins
Þórs á félagssvæðinu við Hamar sl. föstudagskvöld. Börn og
unglingar voru þar í meiri hluta og heilsuðu þau upp á álfakóng
og álfadrottningu, púka og tröll og fleiri kynjaverur, auk þess sem
nokkrir jólasveinar voru á svæðinu.

Íþróttaálfurinn Magnús Scheving skemmti börnunum og hann
fékk þau til að taka nokkrar léttar æfingar með sér. Friðrik
Hjörleifsson frá Dalvík tók lagið og einnig kirkjukór Glerárkirkju.
Kveikt var í brennu að venju auk þess sem boðið var upp á
glæsilega flugeldasýningu í lokin.

Tvívegis hefur þurft að fresta þrettándagleðinni vegna
aurbleytu á félagssvæðinu en á föstudag voru aðstæður hinar
ákjósanlegustu og var greinilegt að gestir skemmtu sér hið besta
þótt komið væri fram á þorra.

Systurnar María og Halldóra voru í þeim hópi og hér heilsa
þær upp á tvö af tröllunum sem virðast bara vera nokkuð vinaleg
að sjá. [191]

**Geiri Hvellur, sprengiglaður
mjög, í hópi kátra krakka
sem fengu hlífðargleraugu
að gjöf frá Blindrafélaginu
áður en tekið var forskot
á sæluna og efnt til
flugeldasýningar.**

Öskudagsfjör um allt land

Á öskudaginn er risið úr rekkju árla morguns, börnin klæða sig í
búninga af ýmsu tagi og halda af stað út í oft kalsasamt
morgunsárið. Gengið er fylktu liði milli verslana og fyrirtækja,
sungið hástöfum og að launum fær liðið oftar en ekki
sælgætispoka. Áhersla er lögð á að fara sem víðast og safna sem

mestu, jafnvel kemur fyrir að krakkarnir
gefi sér ekki tíma til að slá köttinn úr
tunnunni af þeim sökum. Gjarnan eru
mæður nú með í för í hlutverki bílstjóra
en með því móti er yfirferðin meiri. Um
hádegi koma liðin heim með sekkinn og
dugir þá varla minna en stofugólfið til
að skipta upp feng dagsins, en fyrir
marga er það hápunkturinn. [192]

Blys loguðu víða glatt og flugeldum var skotið af kappi þegar ungir sem gamlir kvöddu gamla árið og heilsuðu því nýja. [193]

Farsælt nýtt ár [194]

Happy New Year

Gutes Neues Jahr

VETRARHÁTÍÐIR

Mannmergð var í miðborginni

Örtröð var í miðborg Reykjavíkur að kvöldi Þorláksmessu enda blíðuveður og verslanir opnar til klukkan 23. Laugavegur og Bankastræti voru lokuð fyrir bílaumferð um tíma og var mannfjöldinn þar nánast eins og á þjóðhátíðardegi. Þeir sem ekki voru að reka síðustu erindin fyrir jólin voru aðallega að sýna sig, sjá aðra og fylgjast með stemmningunni enda mátti víða sjá og heyra ýmsa hópa tónlistarfólks flytja jólatónlist. [195]

Frítt í strætó í dag

Ókeypis verður í vagna Strætisvagna Reykjavíkur frá hádegi í dag, Þorláksmessu.

SVR hefur sent frá sér tilkynningu þar sem borgarbúar eru hvattir til þess að nota þessa þjónustu á mesta verslunardegi ársins. Á þann hátt megi minnka umferðarþunga, draga úr mengun og bílastæðavanda í miðbænum og öðrum verslunarhverfum.

Kannanir hafa sýnt að 25–30% íbúa Reykjavíkur nota strætisvagna vikulega eða oftar. [196]

„Skipta."

Hjóladagur í Reykjavík

Landssamtökin Íþróttir fyrir alla standa í dag fyrir hjóladegi fjölskyldunnar. Á hjóladeginum er fólk hvatt til þess að nýta sér hjóla- og göngustíga borgarinnar. Boðið er upp á um það bil 20 km hring á stígakerfinu og þeir sem hjóla hringinn fá viðurkenningu.

Hringurinn er frá Tjörninni upp að Elliðaárdal að drykkjarstöð og svo til baka. Engu máli skiptir í hvaða átt er hjólað né hvar fólk byrjar. Ekki verður um hópstart að ræða, fólk getur byrjað að hjóla hvenær sem er milli kl. 11–14. [197]

Fjölskrúðugt líf í Eyjum

Burtséð frá stórbrotinni náttúru Vestmannaeyja eru hefðir og siðir Eyjamanna ekki síður áhugaverðir fyrir gestkomandi, en ýmsar óskráðar reglur og nýstárlegar í augum annarra landsmanna gilda í Eyjum. Til dæmis er lundi ekki veiddur á sunnudögum, sumrinu er skipt í „fyrir og eftir hátíð" og öflugt hrekkjalómafélag er starfrækt. Sagt er að þjóðaríþrótt Eyjamanna sé bjargsig og þótt Vestmannaeyingar séu ekki þjóð í eiginlegum skilningi má segja að þeir líti á sig sem slíka. Þeir hafa sín eigin þjóðareinkenni, þjóðaríþrótt og þjóðhátíð. Í Eyjum læra krakkar að spranga stuttu eftir að þeir eru færir um að standa á eigin fótum og síðar læra þeir bjargsig og eggjatöku. [198]

sleikja sólskinið [199]
....
sunbathe
....
sonnenbaden

s u m a r

Útlendingar hafa aldrei verið fleiri

Reykjavíkurmaraþon verður haldið í 14. sinn á götum höfuðborgarinnar í dag og segist Ágúst Þorsteinsson, framkvæmdastjóri maraþonsins, búast við um 3.500–4.000 þátttakendum, þar af 350 útlendingum og hafa þeir aldrei verið fleiri.

„Flestir hafa þátttakendurnir verið 3.700 og yfirleitt er ríflega helmingur þeirra í skemmtiskokkinu. Skráning hefur gengið alveg þokkalega hingað til en veðurspáin fyrir helgina er góð og má því reikna með að skráningin taki kipp," sagði Ágúst í samtali við Morgunblaðið fyrir helgina.

Eins og fyrri ár verður keppt í fjórum flokkum: maraþoni, sem er 42,2 kílómetrar; hálfu maraþoni, sem er 21,1 kílómetri; 10 kílómetra hlaupi og skemmtiskokki, sem er 3 kílómetrar. [200]

Undanfarin ár hafa keppendur í Reykjavíkurmaraþoni verið hálft fjórða þúsund og mikill hamagangur í öskjunni þegar fjöldinn leggur af stað í Lækjargötunni.

www.hlaup.is

Múgur á lengsta degi

Sumarsólstöður voru síðastliðinn laugardag og var þá sólargangur lengstur á þessu ári. Einhvern kann að hrylla við þeirri tilhugsun að daginn taki að stytta að nýju í kjölfarið, nú þegar sumarið virðist rétt að hefjast. En mergð ungmenna sem safnaðist saman í miðbænum aðfaranótt sunnudags eftir lokun öldurhúsa virtist lítt leiða hugann að þeirri staðreynd. Enda var nánast eins og um hábjartan dag að litast þegar ljósmyndari Morgunblaðsins horfði yfir hópinn um klukkan 3.30 um nóttina og festi hann á mynd. [201]

Sandur og grjót á nýju sumri

Koma sumars er formlega staðfest á dagatalinu og jafnframt er harpa gengin í garð, fyrsti sumarmánuðurinn samkvæmt gömlu íslensku tímatali. Drengurinn sem ljósmyndari rakst á við leik í Reykjavík var þó skynsamlega klæddur miðað við óútreiknanlegt veðurfarið og undi glaður við sitt, teljandi sandkornin og grjótið. Kannski var hann að reikna það út í huganum hversu langur tími mun líða uns sumarið kemur í raun og veru með sól og yl. [203]

Lóan er komin

Lóan er komin til landsins. Fuglaáhugamenn sáu tvær heiðlóur í Kópavogi í gær. Lóan kemur vonandi til með að kveða burt snjóinn, sem kemur og fer dag frá degi, en koma hennar hefur löngum yljað

landsmönnum um hjartarætur eftir langan og strangan vetur. [202]

Ró og spekt í indælu veðri

„Þetta gekk allt saman mjög vel," segir Haukur Ásmundsson aðalvarðstjóri hjá Lögreglunni í Reykjavík um hátíðarhöldin í borginni 17. júní. Nálægt 30 þúsund manns tóku þátt í skrúðgöngum og annarri dagskrá að deginum til en um kvöldið voru um 12 þúsund manns mættir í miðbæinn til að fylgjast með dagskrá á Ingólfs- og Lækjartorgi. [204]

[9] Hátíðir · Holidays

The 13 Elves

Stekkjastaur
PostStumper

Giljagaur
GullyJumper

Stúfur
ShortStuff

Þvörusleikir
StickLicker

Pottaskefill
PotScraper

Askasleikir
BowlLicker

Hurðaskellir
DoorSlammer

Skyrgámur
CurdGobbler

Bjúgnakrækir
SausageGrabber

Gluggagægir
WindowPeeper

Gáttaþefur
PowerSniffer

Ketkrókur
MeatSnatcher

Kertasníkir
CandleBegger

Jólin koma · Christmas is coming

[182] Only a few years ago, no dogs would have been seen outside of rural areas. Now, however, with strict pooper-scooper laws, many dogs enjoy the city with their owners (cf. 107n).

[183] Overnight delivery of mail throughout Iceland is routine.

[184] The origin of the Icelandic word for Christmas, jól, is uncertain; it is likely linked to the pagan word for yule, ýlir (cf. 203n).

[185] A favorite song of Christmas is *Göngum við í kringum*, often sung in a dance around the Christmas tree.
-Söngsystur, Ómar Ragnarsson, Haukur Heiðars: highly popular entertainers.

[186] Although the story of the Christmas elves has changed over the years, it has now settled on 13 good-humored sons of Grýla, the ogress. In the 18th century, Grýla and her lads were so frightening that a law had to be passed forbidding parents from using them as a threat against their misbehaving children!
-Today it is customary for one elf to arrive on each of the 13 days before Christmas, leaving a small present in a shoe left by a window; they return to the hills on each of the 13 days following Christmas.

[187] Garðyrkja: cf. 67, 73, 102, 213.

[188] As a gesture of goodwill between their cities, the citizens of Oslo have sent a fine, towering evergreen to the citizens of Reykjavík every Christmas since 1952.

Vetrarhátíðir · Winter festivals

[190] Flugeldar: cf. 25, 193.

[191] Although in timing this holiday corresponds to "Twelfth Night," in Iceland it is literally "Thirteenth Night," because the first day of Christmas is counted as beginning on 24 December.

[192] Öskudagur: Ash Wednesday (cf. 212n).

[193] Flugeldar: cf. 25, 190.

[195] The evening of 23 December is traditionally the busiest shopping night of the year (cf. 28n).

[196] Strætó: cf. 72.

Sumarhátíðir · Summer festivals

[198] Vestmannaeyjar: cf. 93, 238n, 245.

[199] Sleikja sólskinið: literally, "to lick the sunshine," like a cat!

[200] In addition to the marathon, the Women's Run (Kvennahlaup) has steadily grown in popularity since it began in 1989, now with over 20,000 participants annually.

[202] Traditionally, the coming of the lóan is a sure sign of spring (cf. 215). "Lóan er komin að kveða burt snjóinn," first line of the poem "Lóan," by Páll Ólafsson, 1827–1905.

[203] Sumardagurinn fyrsti: the first day of summer; the traditional gift-giving day.

The old Icelandic calendar was divided into two seasons, summer (sumar) and winter (vetur). Although months were also known by other names, the following list indicates the importance of every season. The beginning of summer roughly corresponds to the last week in April:

-gaukmánuður: snipe month
-sáðtíð: sowing time
-eggtíð: egg time
-stekktíð: lambing time
-sólmánuður: sun month
-heyannir: hay time
-kornskurðarmánuður: corn harvest month
-haustmánuður: autumn month

The beginning of winter roughly corresponds to the last week in October:

-gormánuður: gory (slaughtering) month
-ýlir: yule month
-frermánuður: freezing month
-mörsugur: marrow-sucker
-hrútmánuður: ram (mating) month
-þorri: possibly named for the pagan god Þór
-góa: the daughter of Þorri
-einmánuður: lone month

[204] Fjallkona (The Mountain Lady): the personification of the Icelandic nation as a woman was suggested by the writer Eggert Ólafsson (1726–68); the tradition of the Fjallkona as part of National Day festivities in Iceland was imported from celebrations taking place in Icelandic settlements in Canada.

[10]

Réttir

RRR

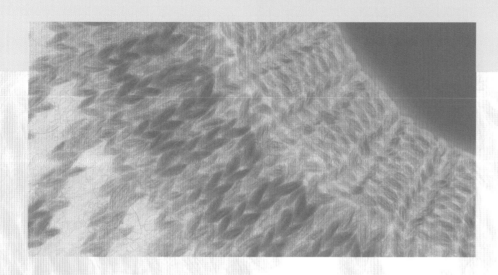

New technologies can create havoc with the vocabulary of a language that strives to remain pure. Ideally, new Icelandic words are built on existing roots, and people are free to construct words on the spot to suit the occasion. "Réttir" for roundups is commonly used, as it is for the various courses of a meal; it can also mean "laws," but here it is applied to the lawmakers themselves, a grammatical stretch of the term to its legitimate extreme—and an irresistible opportunity to demonstrate the flexibility of some Icelandic words!

Fallþungi dilka minni

Álfhildur Ólafsdóttir, hjá Upplýsinga-
þjónustu landbúnaðarins, segir ýmislegt
benda til þess að fallþungi dilka verði ívið
minni í haust en í fyrrahaust. Fallþungi í
fyrra var tæplega 15 kíló sem er yfir
meðaltali síðustu ára.

Sauðfjárslátrun er komin í fullan gang,
en auk þess var talsvert slátrað í sumar.
Álfhildur sagðist ekki hafa ítarlegar upplýs-
ingar um fallþunga og hafa þyrfti í huga að á
mörgum bæjum væri ekkert byrjað að slátra.
Hún sagði hins vegar að ýmislegt benti til að
fallþungi á Suðurlandi yrði heldur minni í ár
en í fyrra. Hins vegar bærust þær fréttir af
norðanverðu landinu að lömbin væru síst
léttari þar en í fyrra. Vorið hefði verið kalt og
þess vegna hefði spretta á afrétti verið seinna
á ferðinni en venjulega. [205]

Réttir að hefjast víða um land

Næstu helgar verður réttað víða um land
og eru réttir raunar þegar hafnar sums
staðar og standa út mánuðinn. Seinni
réttir ná fram í næsta mánuð. Réttað var
í Hlíðarrétt í Mývatnssveit á sunnudag
þar sem fjöldi manna og skepna var
samankominn og fénaði skipað
milli dilkanna. [206]

Smalað á haustdegi

Á Flateyri er nú
orðið frekar
vetrarlegt um að
líta eftir afstaðnar
norðaustanáttir.
Fjöllin hafa skrýðst hvítum skikkjum og
tún eru ekki lengur sígræn. Því varð
fréttaritari heldur betur hissa þegar hann
mætti myndarlegum hópi af kindum á
vegi sínum. Þegar nánar var að gáð kom í
ljós að verið var að smala þeim utan úr
firði og heim í hús fyrir veturinn. Við
smölunina notaði Gunnlaugur Finnsson í
Hvilft, fyrrverandi alþingismaður, nútíma
farartæki, fór sjálfur fyrir hópnum á
vélsleða og naut síðan aðstoðar
unglingspilta á bíl við eftirreksturinn. [207]

Land- og Holtamenn
hafa verið við
smölun frá því á
laugardag og rétta
í dag í Áfangagili á
Landmannaleið.
Myndin var tekin
í Jökulgili í
Landmannalaugum.

Ái á Á á á á á. [208]

Great-granddad from the farm Á has a sheep on the icy river.

Urgroßvater vom Bauernhof Á hat ein Schaf auf dem vereisten Fluß.

RÉTTIR

Fyrstu réttirnar

Miklar annir eru hjá sauðfjárbændum á haustin. Nú standa yfir göngur víða um land og fjöldi rétta verður næstu daga. Fyrstu „alvöru" réttirnar voru í gær, þá var réttað í Fossrétt á Síðu. Í þá rétt er smalað fé af austurhluta Síðuafréttar. Fé var frekar fátt enda gengu réttarstörfin fljótt og vel fyrir sig. Réttardagurinn er mikill hátíðisdagur hjá börnunum. Frændsystkinin Atli Páll Helgason úr Hafnarfirði og Jóna Hulda Pálsdóttir á Fossi fylgdust með afa sínum og pabba, Páli Helgasyni bónda á Fossi, finna hvern dilkinn á fætur öðrum og færa í Fossdilkinn. [209]

Bar í réttinni

Réttir voru í A-Húnavatnssýslu um síðustu helgi og fengu menn gott veður til réttarstarfa.

Gangnamenn hrepptu ýmis veður í göngunum en þegar á heildina er litið gekk allt vel. Kunnugir telja að dilkar komi rýrari af fjalli nú en í fyrra og gildir einu á hvaða afréttarlandi féð gekk. Á myndinni má sjá vaska sveina að störfum í Undirfellsrétt í Vatnsdal á föstudag. [210]

Seinni göngum á Vesturöræfum lokið

Vaðbrekku, Jökuldal – Seinni göngum á Vesturöræfum inn af Hrafnkelsdal er nýlokið. Í seinni göngum eru fangaðar þær kindur er komast undan smalamönnum í fyrstu göngum og gengur þá á ýmsu. Vigfús Hjörtur Jónsson sést hér á myndinni eftir að hafa fangað eina fjallafáluna í gili við Desjará en þar ætlaði hún að dyljast fyrir gangnamönnum. Vigfús hafði samt betur í þetta skipti og snaraði fálunni á herðarnar, bar upp úr gilinu og lét hana í jeppakerru er flutti hana til byggða. [211]

Bolla bolla

Það verða líklega bakaðar bollur á mörgum heimilum í dag eða á morgun vegna bolludagsins. Það sem fylgir á eftir er uppskrift að hefðbundnum gerbollum.

Bolludagsbollur

(um 30 stk.)

450 gr hveiti

2 egg

1/2 dl sykur

1/2 tsk. salt

1/2 tsk. kardimommudropar

100 g mjúkt smjörlíki (smjör)

1 1/2 msk. þurrger

3 dl fingurvolgt vatn

(úr krananum – hiti um 37°C)

1. Setjið egg, sykur, salt og kardimommudropa í skál og þeytið vel.
2. Hrærið mjúkt smjörlíki út í, síðan hveiti, þurrger og volgt vatn. Þetta verður lint deig. Leggið stykki yfir skálina og látið lyfta sér á eldhúsborðinu í minnst 1–2 klst., jafnvel lengur.
3. Leggið bökunarpappír á bökunarplötu, setjið deigið á plötuna með skeið, hafið bil á milli, bollurnar stækka mikið. Leggið stykkið aftur yfir bollurnar og látið lyfta sér í 20–30 mínútur.
4. Hitið bakaraofninn í 210°C, blástursofn í 200°C. Setjið plötuna í miðjan ofninn og bakið í um 15 mínútur.
5. Kælið bollurnar örlítið, skerið í tvennt, smyrjið að ofan með bræddu súkkulaði en fyllið með sultu og rjóma.

Athugið: Best er að bræða súkkulaði á eldföstum diski í bakaraofni við 70°C hita. Betra er að nota bakaraofn en örbylgjuofn, þar sem gott er að diskurinn hitni, þá helst súkkulaðið lengur volgt. [212]

Íslenskt grænmeti

Agúrkur, salöt, paprikur, steinselja

Neytendum hefur nú í fyrsta skipti staðið til boða að kaupa ýmsar tegundir af íslensku grænmeti allan ársins hring. „Ástæðan fyrir því er sú að æ fleiri eru farnir að rækta agúrkur með raflýsingu og þetta á líka við um græna papriku og salöt," segir Kolbeinn Ágústsson hjá Sölufélagi garðyrkjumanna.

Hann segir viðtökur íslenskra neytenda frábærar. „Það er ljóst af viðtökunum að fólk vill íslenskt grænmeti enda er gæðamunurinn mikill." Kolbeinn er viss um að ef verð á raforku væri lækkað kæmi það fram í lægra verði á grænmeti. [213]

Sveppatínslutími hafinn

Talsvert mikið er af sveppum á höfuðborgasvæðinu í ár, segir Eiríkur Jensson, líffræðingur og áhugamaður um sveppatínslu. Að sögn Eiríks fer vaxandi að fólk tíni sveppi til matar. Í grennd við höfuðborgina er best að tína sveppi í Heiðmörk en einnig er hægt að tína sveppi í Öskjuhlíð og víðar. Eiríkur segir best að tína unga sveppi.

Algengustu sveppategundir á höfuðborgarsvæðinu eru furusveppur eða smjörsveppur. Kúalubbi er víða en hann maðkar að sögn Eiríks talsvert snemma. Töluvert er um ætisveppi og ullblekil. Á Austur- og Norðurlandi er mikið um lerkisvepp. Á Héraði hefur verið hlýtt sumar og vætusamt undanfarið þannig að sprettan er góð. [214]

Svartfuglseggin komin

„Eldra fólkið bíður eftir eggjunum, þau eru viss vorboði," segir Júlíus Jónsson kaupmaður um svartfuglseggin en fyrsta sending vorsins, 4.500 egg norðan af Langanesi, úr Skálavíkurbjargi, kom í verslanir í gær. [215]

réttir

Þorri gengur brátt í garð

Eflaust fá ýmsir vatn í munninn þegar þeir sjá Þórarin matreiðslumeistara með matinn sem hann ætlar að bjóða viðskiptavinum sínum á þorranum. Hann hefur verið að taka matinn upp úr tunnunum og koma þeim fyrir í trogum. Þetta er ekta súrmatur eins og sjá má. Nú styttist óðum í að matmenn taki gleði sína, því þorrinn byrjar eftir tæpan hálfan mánuð. Bónda-dagurinn er að þessu sinni föstudaginn 23. janúar. [217]

Þorri

Það er kominn þorri en Steingrímur Sigurgeirsson segir það
svartan árstíma í íslenskri matarmenningu.

Ég get ekki ímyndað mér að nokkrum manni þyki þær afurðir sem kenndar eru við þorra bragðgóðar. Súrir selshreifar, ónýtur hákarl og dýraspik í mismunandi útgáfum sem má muna sinn fífil fegri. Á tímum þar sem sífellt meira er lagt upp úr ferskleika hráefna og hollustu er furðulegt að svona matvæli skuli eiga hljómgrunn. Þegar þar að auki er haft í huga hvernig þau bragðast verður málið að ráðgátu.

    Helsta skýringin er sú að þetta kveiki í víkingaeðli Íslendinga, menn telji sig sýna karlmennsku og fremja hetjudáð er þeim tekst að kyngja þessum ófögnuði, þótt flestir séu hins vegar ekki meiri hetjur en svo að þeir leggi ekki í „matinn" án þess að deyfa bragðið með brennivíni. Mætti ég þá frekar biðja um andarbringu og gott rauðvín. [218]

"Óæt svið

Ekki er hægt að fá almennileg svið lengur og er það furðulegt. Hvað veldur? Þeim er bara hent í þúsundatali úti á landi, frekar en að lofa fólki að að kaupa þau ósviðin. Þvílík sérviska úr einhverjum ráðamönnum, sennilega er það þó ótti við salmonellu. Ekki bar þó á því hér áður fyrr, þegar fólk starfaði heima hjá sér, ég veit ekki til að nokkur hafi veikst af þeim. Og hvers vegna er verið að hreinsa þau? Síst ættu að vera bakteríur í sótinu þar sem eldurinn er búinn að leika um, síðan eru þau soðin í það langan tíma að salmonellan þolir ekki við og drepst. Hverju breytir þessi hreinsun? Hún breytir því að það er ekkert sviðabragð lengur. Þau eru hvít á litinn eins og þau hafi legið í klór, bragðlaus og vond. Þvílík vitleysa. Hvað finnst ykkur sviðavinir?
– **Sviðaaðdáandi.** [216]

Í harðfiskhjallinum

Jóhann Bjarnason, fiskverkandi á Suðureyri, hengdi lúðu og ýsu á hjall að loknu sumri þegar kólna fór. Vel tókst til enda góð skilyrði í haust til harðfiskframleiðslu á Vestfjörðum. Jói er þekktur fyrir afbragðs harðfisk og selur hann framleiðsluna grimmt víða um landið. [219]

www.iceland.org

RÉTTIR

Barnabarn sendiherrans hitti Clinton

Jón Baldvin Hannibalsson, sendiherra Íslands í Washington, var ekki einn í för þegar hann fór á fund Bills Clintons Bandaríkjaforseta í Hvíta húsinu á mánudag að afhenda erindisbréf sitt.

„Ég tók með mér dótturson minn, Starkað Sigurðarson, og fyrir utan formsatriði og hátíðlegheit var augljóst að forsetinn kann vel að meta slíka gesti. Það fór vel á með þeim. Drengurinn hafði lært að segja „how do you do, mr. President" og gleymdi því ekki. Forsetinn beygði sig að honum og svaraði virðulega: „I am fine, but how are you?" Þar var kunnáttu drengsins lokið þannig að hann gat litlu svarað utan að kinka kolli."

Jón Baldvin kvaðst hafa sagt Clinton að þessi ungi maður væri mjög framsýnn, hann væri hugsanlega fjórða kynslóð sósíal-demókratískra stjórnmálamanna og það mundi kannski koma sér vel fyrir hann ef hann álpaðist í framboð um 2030 að eiga mynd af sér með Clinton.

„Það skipti engum togum að forsetinn bað hirðljósmyndarana að taka sérstaklega myndir af þeim tveimur," sagði Jón Baldvin. „Síðan sagði forsetinn við drenginn að stjórnmál væru áhættusöm iðja en hann óskaði honum velgengni."

Þegar Bill Clinton var unglingur fór hann í Hvíta húsið og tók í hönd Johns F. Kennedys. Hefur ljósmynd sem þá var tekin af Clinton og Kennedy oft verið birt eftir að hann hóf afskipti af stjórnmálum. [220]

Skautahöll í Laugardal tekin í notkun

Skautahöllin í Reykjavík var formlega opnuð síðastliðinn laugardag.

Dagskráin hófst með því að Páll Sigurjónsson, framkvæmdastjóri Ístaks, afhenti Reyni Ragnarssyni, formanni Íþróttabandalags Reykjavíkur, húsið. Borgarstjórinn Ingibjörg Sólrún Gísladóttir renndi sér inn á svellið með nokkrum ungum skautamönnum og opnaði

svellið formlega. Séra Pálmi Matthíasson flutti blessunarorð.

Helstu atriðin í hátíðinni voru flutt af ungu skautafólki úr Skautafélagi Reykjavíkur og Ísknattleiksfélaginu Birninum. Þau sýndu einstaklings- og hópatriði á listskautum, íshokkí o.fl. [221]

Davíð Oddsson forsætisráðherra, Ástríður Thorarensen, eiginkona hans, og Jonathan Motzfeldt, formaður grænlensku landstjórnarinnar, skoða Hvalseyjarkirkju. Kirkjan er talin hafa verið reist af norrænum mönnum í kringum árið 1300.

Ísland og Grænland

Í tilefni fyrstu opinberu heimsóknar forsætisráðherra Íslands til Grænlands tilkynnti Davíð Oddsson um 20 milljóna króna gjöf Íslendinga til uppbyggingar á bæ Eiríks rauða að Brattahlíð við Eiríksfjörð til að minnast sögulegra tengsla landanna. Það sama má segja um ráðgert samstarf við Grænlendinga til að minnast þúsund ára afmælis landafundanna í Ameríku árið 2000. Þá hefur verið ákveðið að efna til reglulegra samráðsfunda forsætisráðherra Íslands, lögmanns Færeyja og formanns grænlensku landstjórnarinnar. Bæði Grænlendingar og Færeyingar hafa átt við mikla efnahagsörðugleika að stríða og enginn vafi er á því að Íslendingar geta miðlað þeim miklu af reynslu sinni og veitt þeim aðstoð með ýmsum hætti. [222]

Í verstöðinni Ósvör

Í gær, á öðrum degi opinberrar heimsóknar sinnar til norðurhluta Vestfjarða, komu forseti Íslands, Ólafur Ragnar Grímsson og kona hans frú Guðrún Katrín Þorbergsdóttir, til Bolungarvíkur og Ísafjarðar. Myndin er úr verstöðinni Ósvör við Bolungarvík þar sem Geir Guðmundsson leiðbeindi forsetahjónunum og sagði frá sjávarháttum fyrri tíma. Ragnar Högni Guðmundsson hélt í höndina á forsetanum og fylgdi honum um verstöðina. Amma hans prjónaði peysuna og húfuna sem hann er í. [223]

Vigdís forseti ráðs þjóðarleiðtoga

Vigdís Finnbogadóttir, fyrrverandi forseti Íslands, heimsótti Harvard á dögunum og hélt ræðu þegar alþjóðlegum samtökum þjóðarleiðtoga var komið á fót, en þau verða til staðar í Stjórnsýslu- og leiðtogaskóla Harvard sem kenndur er við John F. Kennedy, fyrrverandi forseta Bandaríkjanna.

Vigdís er forseti ráðsins. Hún ávarpaði ríflega hundrað manns á stofnfundi í salarkynnum skólans og tók dæmi af Guðríði Þorbjarnardóttur, eiginkonu Þorsteins Eiríkssonar rauða og mágkonu Leifs heppna, og sagði að hún hefði verið fyrsti Evrópubúi til að stíga á land beggja vegna Atlantsála, þ.e. í Norður-Ameríku og Evrópu.

„Hugrekkið sem hún sýndi og virðingin sem hún ávann sér við fyrsta árþúsundið getur verið okkur innblástur þegar nýtt árþúsund er að renna upp," sagði hún. Ráðið verður vettvangur kvenna, sem hafa gegnt eða gegna æðstu stöðum í heimalandi sínu, til að finna hagkvæmar lausnir í alþjóðlegum stjórnmálum. Auk þess mun ráðið verða í nánu samstarfi við Harvard og virka sem hvatning fyrir ungar konur til að reyna fyrir sér á æðstu stöðum.

Guðríður Þorbjarnardóttir fæddist á Íslandi og fór ung til Grænlands. Hún fór svo til Vínlands með manni sínum Þorfinni karlsefni og ól þar soninn Snorra Þorfinnsson karlsefnis. Um þetta er skrifað í Grænlendingasögu, Eiríks sögu rauða og um þetta er getið í Landnámu. Svo sest hún að í Skagafirði, gengur suður til Rómar til að fá aflausn, snýr til baka og deyr á Íslandi. [224]

[10] Réttir · RRR

Réttir · Roundups

Sheep are allowed to roam the mountains for summer grazing (cf. 86). In the early fall they must be gathered again before the snows; réttir usually begin in mid-September. The roundup can take anywhere from a day to a week, depending on the size of the area to be searched. Gatherers stay overnight in mountain huts or tents. Sheep are herded into special pens (réttir) and sorted according to intricate ear marks (fjármörk), a system so important that over 100 patterns are diagramed in the standard Icelandic dictionary.

For centuries, the roundup was the main social gathering other than church; today a good party follows any "decent" réttir! Once the sheep have been gathered a new roundup takes place to gather the horses still on the mountains after their summer wanderings (cf. back cover).

[205] Dilkar: cf. 210.

[208] Ái á Á á á á á: a remarkable sentence worth repeating!

[210] Dilkar: cf. 205.

Réttir · Cuisine

[212] Bolludagur: named for the cream-filled buns prepared for the day, a treat that possibly arose in response to the Lenten ban on the eating of meat. The tradition of "beating the cat from the barrel" was origin-ally connected with Bolludagur; it is now a part of Ash Wednesday activities (cf. 192).

[213] Geothermal heating of greenhouses has made the growing of lush plants, fruits, and vegetables a pleasant reality in this otherwise non-tropical environment (cf. 67, 73, 102, 187).

[215] Svartfuglsegg: for anyone who thinks a brown hen's egg is exotic, these large, blue speckled eggs of the guillemot will look straight out of Dr. Seuss!

[216] This is an article from Velvakandi. Boiled sheep's head, svið, is considered a delicacy by many (cf. 4; 256-268).

[217] Þorri: Þorrablót, a tradition revived in the last 50 years, is based on the old custom of hosting a feast to celebrate surviving the winter. The food of Þorri is at times controversial (cf. 218).

-Bóndadagur (Husbands' Day): the first day of the month þorri; wives are required to be especially attentive to their husbands. Traditionally, the husband must welcome Þorri by hopping around his house with his trousers pulled onto only one leg as soon as he arises.

-Konudagur (Wives' Day): the first day of góa; the wife has no particular requirement for the day—other than to enjoy her husband's special attention!

[218] Brennivín: schnapps, often flavored with caraway, and a must at festivities like Þorrablót! (cf. 217)

[219] Þurrkaður fiskur: cf. 6, 31.

Réttir · Lawmakers

[221] The blessing of public facilities is not uncommon in Iceland. Although it is not mandatory, it can be requested by the city council. Ships, on the other hand, are almost always blessed before setting to sea.

[222] Davíð Oddsson (b. 1948), a member of the Independence Party (Sjálfstæðis-flokkurinn), has been Iceland's prime minister since 1991 (cf. chapter 12b notes).

[223] Ólafur Ragnar Grímsson has served as the president of Iceland since 1996.

-According to *Landnámabók*, Bolungarvík was settled by a woman who made her living by the fees she collected from fisher-men who set to sea from her farm, Ósvör, which was restored as a maritime museum in 1988 (cf. 89; 90n, 119n, 122n, 126n).

[224] Vigdís Finnbogadóttir: (cf. 90n, 119n, 122n, 126n, 223n).

-Leifur heppni: cf. 37, 94.

-*Grænlendingasaga*: c. 1390; a variant of *Eiríks saga rauða*.

-*Flateyjarbók*: c. 1390; a compilation of kings' sagas.

-*Eiríks saga rauða*: c. 1263; also called *Þorfinns saga karlsefnis*, the story of Eirík the Red's settlement of Greenland.

-*Landnámabók*: (cf. 89).

[11] Velkomin

Welcome

Generally harsh conditions topped by natural disasters in the late 19th century led Icelanders abroad, especially to Canada, where they settled "New Iceland." Now, generations later, descendants of those who headed West are returning to Iceland, eager to learn more about their roots. New Icelandic outreach policies encourage foreigners to call Iceland "home," and every year this country's popularity as a vacation destination increases as visitors from around the world come to enjoy this truly unique land.

Miðnætursól á Jaðarsvelli

Akureyri og Eyjafjörður skörtuðu sínu fegursta á hinu árlega Arctic open-golfmóti í fyrrinótt. Ríflega 130 kylfingar stóðu á Jaðarsvelli á Akureyri á miðnætti og horfðu til himins. Það var heiðskírt og veðrið eins og best verður á kosið þannig að útsýnið var eins og það gerist best á fallegu korti af sólarlagi. Ríflega 40 erlendir keppendur stóðu sem steini lostnir og voru geysilega ánægðir þegar sólin tyllti sér á hafflötinn áður en hún tók að rísa á ný. Keppni lauk um klukkan sex í gærmorgun en búist var við að síðustu keppendur kæmu inn í morgun. [225]

Þjóðlega matarmenningu í boði

Í bréfi Iðntæknistofnunar til atvinnu- og ferðamálanefndar Reykjavíkur þar sem hugmyndin að fá veitingastaði til að bjóða ferðamönnum íslenska rétti er kynnt segir: „Hér er bæði átt við rétti sem tilheyra hefðbundinni matarmenningu þjóðarinnar, svo sem súrmat, hákarl, harðfisk, skyr og fjallagrös, svartfuglsegg, rauðmaga, hrogn og lifur, hörpuskel, krækling og annan skelfisk við sjávarsíðuna, sveppi um allt land, steinbít, sel og svartfugl, hreindýrakjöt og jafnvel hrefnu."

Í bréfinu segir að hvati verkefnisins sé sú staðreynd að víðast hvar á matsölustöðum jafnt í Reykjavík sem á landsbyggðinni sé aðeins að hafa alþjóðlega skyndibita, svo sem hamborgara, grillaða kjúklinga og franskar kartöflur. [226]

www.goiceland.org

Góða ferð! [227]
Have a good trip!
Gute Reise!

Hjólað á gömlu Sprengisandsleið

Erlendir ferðamenn eru margir á landinu á þessum árstíma og má eiga von á því að rekast á þá hvar sem er. Stefan Buob og René Müller frá Luzerne í Sviss hvíldu sig á gömlu Sprengisandsleiðinni skammt frá Kvíslaveitum. Þeir höfðu hjólað frá Akureyri og hafði ferðin tekið þrjá daga. Þeir ætluðu að hjóla til Reykjavíkur. Stefan sagði að íslenskir fjallavegir væru ævintýri líkastir. Slíkir vegir væru flokkaðir með kúavegum í Sviss. Þeir félagar höfðu mörg orð um landslagið á hálendinu sem þeir sögðu í hæsta máta sérkennilegt og svo hrifust þeir af kyrrðinni til fjalla. [228]

Að vera kominn ofan í Kiðagil

Hópur íslenskra og erlendra hestamanna sem er í mánaðarlöngum útreiðartúr á vegum Íshesta gistir nú í Kiðagili í Bárðardal og framundan er leiðin suður Sprengisand. Sautján hestamenn lögðu af stað en þrír hafa helst úr lestinni, að sögn Sigrúnar Ingólfsdóttur hjá Íshestum, tveir vegna of stuttra sumarleyfa og einn vegna fjölskylduástæðna. Fjórtán halda hins vegar ótrauðir áfram undir fararstjórn Einars Bollasonar. [229]

Á ferð og flugi

Glatt var á hjalla hjá þessu fjöruga fólki í ferðinni.

Lengsta skipulagða gönguleiðin rétt við Reykjavík

Fjölbreytt landsvæði umlykur Reykjaveginn, nýja gönguleið sem dregur nafn sitt af hveragufum sem þar er víða að finna, en hluti viðkomustaða liggur um jarðhitasvæði. Leiðin liggur um óbyggðir Reykjanesskaga, frá Reykjanesvita meðfram Reykjanesfjallgarði alla leið að Nesjavallavirkjun við Þingvallavatn. Framkvæmdir hófust fyrir tveimur árum og hefur Reykjaveginum nú verið skipt í sjö mislangar dagleiðir, samtals um 120 km. „Reykjavegurinn er því lengsta merkta gönguleiðin á Íslandi en til samanburðar má geta þess að Laugavegurinn, sem liggur frá Landmannalaugum yfir í Þórsmörk, er um 55 km," segir Pétur Rafnsson sem er formaður Ferðamálasamtaka höfuðborgarsvæðisins og verkefnisstjóri framkvæmdanefndar Reykjavegar. [230]

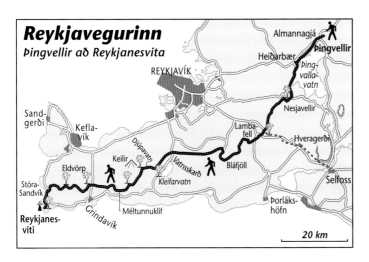

Hvölunum klappað á kollinn

„Hvalaskoðunin hefur gengið vel í sumar," segir Hörður Sigurbjarnarson, annar af eigendum Norðursiglingar ehf. á Húsavík. Hann segir greinilega aukningu miðað við sama tíma í fyrra. Þá muni mikið um að vertíðin hafi byrjað 18. apríl eða þremur vikum fyrr en í fyrra.

„Við erum búnir að fara um 150 ferðir og höfum fundið hval í hverri einustu ferð," segir Hörður. „Meira að segja í leiðindaþoku í morgun fundum við hvali."

Hann segir að það gerist þó ekki á hverjum degi að hvalirnir kinki kolli til hvalaskoðunarfólksins: „Það eru tímamót í sjálfu sér að þessi villtu dýr séu orðin svo gæf að menn geti klappað hvölunum." [231]

Hvalurinn virðist ekki síður forvitinn en mannfólkið.

Leiðin lá til Vesturheims

Fjalla um Bjarna sem Íslending

Blaðið *Florida Today* sagði frá því í sérstakri frétt að Ísland ætti fulltrúa í geimferjunni Discovery, undir fyrirsögninni: Bjarni Tryggvason fyrsti Íslendingurinn í geimnum.

Í fréttinni segir að þó Bjarni hafi verið ungur er hann yfirgaf ættjörðina og væri orðinn kanadískur ríkisborgari hefði það ekki dregið úr áhuga og stolti þjóðbræðra hans og systra, eins og komist er að orði. Haft er eftir Ólafi Ragnari Grímssyni að Íslendingar geri ekki fullt tilkall til Bjarna, heldur deili honum með Kanadamönnum og vitnir til íslensku vesturfaranna og afkomenda þeirra.

„Fór Bjarna er aðalfréttin á Íslandi. Við erum þjóð landkönnuða og landnema og lítum á geimförina sem framhald hinnar miklu Víkingaarfleifðar," hefur *Florida Today* eftir forsetanum. Síðan rekur blaðið landafundi víkinga á Íslandi og ferð Leifs heppna til Norður-Ameríku. Jafnframt er getið tengsla Íslands við ferðir mannsins til tunglsins þar sem tunglfararnir töldu heppilegast að undirbúa sig undir

leiðangur þangað í íslensku landslagi.

Haft er eftir Bjarna að þó hann hafi alist upp í Kanada og þar sé heimili hans þá væru tengsl hans við Ísland enn mikil. „Þar á ég fjölda ættingja. Ég ætla að hafa með mér tvo íslenska fána út í geim og vonast til að fara einhvern tíma eftir geimferðina með annan þeirra til Íslands." [233]

Alin upp á „Íslandi"

Vestur-Íslendingur Lillian Vilborg MacPherson hefur stundað nám í íslensku fyrir útlendinga í vetur. Hún hélt erindi í Háskóla Íslands um goðsagnir í tengslum við ástæður vesturferðanna. Lillian segist ekki hafa velt hinum óáþreifanlegu tengslum sérstaklega fyrir sér fyrr en eftir komuna til Íslands. „Ég komst raunar að því að ég hefði ekki verið alin upp í Kanada heldur á Íslandi. Eins og íslensk börn vorum við send í sveit til afa og ömmu á sumrin. Afi og amma bjuggu á bænum Haga í Manitoba. Enginn hefði fundið muninn á búskaparháttum þar og á öðrum bæjum. Gömlu hjónin bjuggu með hænur, kýr, hesta og fé en fé var fremur sjaldgæfur bústofn í Kanada. Amma mín bjó til allar íslensku mjólkurafurðirnar úr mjólkinni úr kúnum, ábrysti, skyr, rjóma og mysuost. Matargerðin var íslensk því að í Haga fengum við kleinur, pönnukökur og brúna íslenska brauðið eins og við börnin kölluðum rúgbrauðið. Ekki má heldur gleyma því að amma gerði lifrarpylsu og blóðmör eins og aðrar íslenskar ömmur. Hér er auðvitað allt öðruvísi um að litast heldur en á sléttunum í Winnipeg. Mér finnst íslenskt þjóðfélag afar kraftmikið og hrífandi." [232]

Heklukonur á fundi nýlega, en Hekla er elsta félag Íslendinga í Bandaríkjunum og enn í fullu fjöri.

Hekluklúbburinn

Íslenski Hekluklúbburinn var stofnaður 1925 af nokkrum ungum konum. Þessi frjálsu samtök eru opin konum af íslenskum ættum eða með tengsl við Ísland og var tilgangurinn að tryggja íslenska viðveru í samfélaginu á þessum slóðum, hjálpa þar sem hjálpar væri þörf, kynna og breiða út íslenska menningarsvæðið og taka þátt í samnorrænni starfsemi. Í nær 75 ár hefur verið haldið uppi mánaðarlegum fundum frá september fram til júní ár hvert. „Barnaball" er á desemberfundinum fyrir börnin og barnabörnin og í júní er jafnan útihátíð á þjóðhátíðardag Íslendinga. „Samkoma" sem enn ber sitt íslenska heiti er stærsta samkoman með kvöldverði og menningarviðburðum. Hún hefur verið haldin í apríl nærri hvert vor síðan 1925. [235]

koma sér fyrir á ný [234]
....
put down new roots
....
neue Wurzeln schlagen

Íslenskur víkingur í Gimli

„Sjálfur þrumuguðinn Þór hefði vart getað skapað eins mikla eftirvæntingu og Magnús Ver Magnússon gerði í Gimli þegar hann sýndi kraftagetu sína með því að draga trukka, lyfta 17 unglingum í einu og beita öðrum kraftabrögðum. Þessi kraftabrögð Íslendingsins hafa komið honum á spjöld Gimlisögunnar," sagði Gísli Benson fréttaritari í Gimli. MTS Manitoba vetrarleikarnir voru haldnir í Vestur-Íslendingabænum Gimli. Þema vetrarleikanna var „Víkingaleikar – Sagan heldur áfram" en það var valið vegna hliðstæðu víkinganna til forna og nútíma íþrótta. Á ferðum sínum um heiminn mættu víkingarnir hindrunum sem sönnuðu styrk þeirra, snerpu, þol og anda. Þessir mannkostir voru sannarlega á lífi á vetrarleikunum í Gimli.
Að sögn Gísla Benson var það íslenski víkingurinn Magnús Ver Magnússon sem var helsta aðdráttarafl leikanna en um 2.500 manns horfðu á hann. Margir ferðuðust allt að 2000 kílómetra til að sjá fjórfaldan handhafa titilsins „Sterkasti maður heimsins". Aðdáendur Magnúsar voru á aldrinum 1 árs til 109 ára en Guðrún Árnason, elsti núlifandi Íslendingurinn sem fluttist vestur um haf, hitti Magnús af tilefninu. Að sögn aðstandenda þyrfti íslenska þjóðin að leita lengi að betri sendiherra þjóðarinnar á erlendri grundu. [236]

Magnús Ver Magnússon sýndi íbúum Gimlis hvernig á að draga trukka að íslenskum hætti.

The Emigration from Iceland to North America
http://nyherji.is/~halfdan/westward/vestur.htm

Komin heim og rifja upp íslensku

Lára og Herbert Matcke eiga íslenska mömmu og bandaríkan pabba. Þau fæddust á Íslandi en hafa búið á herstöðvum hér og þar um heiminn, enda gegnir pabbi þeirra, Alan, herþjónustu. Bæði geta þau tjáð sig nokkuð vel á íslensku en skortir stundum orð, sem skiljanlegt er eftir fjölda ára í útlöndum.

Lára er 14 ára og Herbert að verða 17 ára. Frá Íslandi fluttu þau til Bandaríkjanna, þá til Kúbu, aftur heim til Íslands, svo til Noregs og Ítalíu og hafa nú dvalið hér samfleytt í 6 mánuði.

„Við erum að læra íslensku í skólanum hér á vellinum og mamma okkar, Jenný Jósefsdóttir, hjálpar okkur að rifja hana upp,“ segja systkinin þegar þau gefa sér tíma í stutt spjall í matsal skólans. „Mamma talaði við okkur íslensku þegar við vorum lítil en við höfum farið um allan heim og glatað henni dálítið niður.“

Herbert segir að það hafi verið sérkennilegt að koma aftur „heim“ til Íslands á síðasta ári eftir rúmlega sex ára fjarveru. „Við lítum á okkur bæði sem Íslendinga og Bandaríkjamenn og erum með tvöfaldan ríkisborgararétt,“ segja systkinin.

Lára og Herbert fara oft í heimsóknir til ættingja og vina utan vallar. Þau segjast ekki sjá mikinn mun á íslenskum og bandarískum unglingum. „Það er enginn munur nema tungumálið,“ segir Herbert og Lára vísar til þess að íslenskir unglingar klæðist mjög líkt og þeir bandaríku og hafi mjög svipuð viðhorf til lífsins.

Eldvarnakerfi A.T. Mahan skólans gellur við þegar hér er komið sögu og nemendur flykkjast út úr matsalnum og út á tún, þeirra á meðal Lára og Herbert. Þar standa nemendur fáklæddir og skjálfandi á meðan slökkvilið vallarins gengur úr skugga um að enginn sé eldurinn. Líklega hefur einhver sett kerfið í gang. Skólastjórinn er víst í fríi þessa dagana. Þetta er gamla sagan, þegar kötturinn er að heiman fara mýsnar á stjá. [237]

„Velkomin heim!“

Vinur vor Keikó

Háhyrningurinn Keikó, sem lék í heimsfrægri kvikmynd, var upphaflega fangaður undan austurströnd Íslands. Nú vilja vörslumenn hans í Bandaríkjunum flytja Keikó á æskuslóðirnar fyrir austan. [238]

Hann verður að setjast á skólabekk með hinum nýbúunum. Hann er alveg búinn að tapa niður móðurmálinu, hr. kennari.

Félag nýrra Íslendinga heldur félagsfund fimmtudagskvöldið kl. 20.30 í Miðstöð nýbúa við Skeljanes í Skerjafirði.

Í fréttatilkynningu segir að SONI sé félagsskapur fyrir útlendinga og velunnara. Aðalmarkmið félagsins sé að efla skilning milli fólks af öllum þjóðernum, sem býr á Íslandi, með auknum menningarlegum og félagslegum samskiptum. Fundir félagsins fara fram á ensku og eru öllum opnir. [239]

Leikið í nýju landi

Tungumálaörðugleikar hindruðu ekki leik þeirra Gorans Basrak og Hlyns Héðinssonar. Þrátt fyrir að annar talaði eingöngu serbó-króatísku og hinn íslensku var fullur skilningur þeirra á milli í bílaleiknum á nýju heimili Gorans.

Fjölskylda Gorans er ein fimm fjölskyldna frá Krajina-héraði í Króatíu sem kom frá flóttamannabúðum í fyrrverandi Júgóslavíu til Hafnar á sunnudag. Í hópnum eru 17 manns og var reynt að velja blandaðar fjölskyldur Króata og Serba eða fólk sem á ættingja í hópnum, sem kom til Ísafjarðar á síðasta ári.

Hlynur er í stuðningsfjölskyldu Gorans en flóttamennirnir hittu stuðningsfjölskyldur sínar og aðra sem unnu við undirbúning Íslandsdvalarinnar þegar við komuna til Hafnar. [242]

53 nýir Íslendingar

Alþingi samþykkti í gær að veita fimmtíu og þremur einstaklingum íslenskan ríkisborgararétt.

Nítján þeirra eru upprunnir í A-Asíu; níu á Filippseyjum, fimm í Kína og fimm í Tælandi. Sjö koma frá A-Evrópu og tólf eru upprunnir í löndum Vestur- og Norður-Evrópu. Sex eru fæddir í löndum Mið- og S-Ameríku.

Nokkrir þeirra sem nú hlutu ríkisborgararétt hafa búið hér frá fæðingu en haft erlent ríkisfang vegna erlends uppruna foreldris. Enn fremur er um að ræða nokkur börn Íslendinga fædd erlendis. [240]

So, how do you like Iceland? [241]
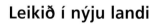
So, how do you like Iceland?

So, how do you like Iceland?

Nýtt tímarit fyrir varnarliðsmenn

Út er komið fyrsta tölublað tímaritsins *Iceland Explorer*, sem dreift er ókeypis til varnarliðsmanna á Keflavíkurflugvelli. Fyrstu viðbrögð lesenda eru mjög jákvæð og hefur það bókstaflega verið rifið út, að sögn ritstjórans, sem er bandarísk kona að nafni Sarah Tschiggfrie.

Hún kom hingað til lands fyrir um sjö mánuðum ásamt eiginmanni sínum sem er í flughernum – í farteskinu var hugmyndin að tímaritinu sem nú er komið út hjá Nesútgáfunni í 3.000 eintaka upplagi og mun framvegis koma út mánaðarlega.

Sarah er á þeirri skoðun að varnarliðsmenn fái alltof litlar upplýsingar um landið áður en þeir koma hingað til þess að gegna herþjónustu. Það hafi a.m.k. verið hennar eigin tilfinning þegar hún og maður hennar héldu af stað. Það eina sem fólk viti um Ísland sé oftast nær að hér sé kalt, hvasst og dýrt – og þegar það svo komi til landsins sé afar lítið gert til þess að fá það til að skipta um skoðun. Með hinu nýja tímariti er ætlunin að gefa íbúum Keflavíkurflugvallar aðrar og fjölbreyttari hugmyndir og upplýsingar um lífið á Íslandi. [243]

[11] Velkomin · Welcome

Á ferð og flugi · On the move

At the same time that the number of foreign visitors to Iceland increases annually, Icelanders themselves are always on the go, around the country and around the world. Whether called on business, to shop abroad on special charter flights arranged just for that purpose, or setting out in search of hot vacation spots such as the popular Benidorm, Icelanders still have the wanderlust that brought their ancestors to the shores of Iceland more than a thousand years ago.

[225] Golf: cf. 271.

[226] Þjóðlega matarmenningu: cf. chapter 10b.

[228] Bicycling in Iceland is not a casual activity. Besides road conditions, weather can be unstable and is often accompanied by winds that will literally push you aside! -Sprengisandur: the desert of mid-Iceland, legendary home of outcasts and outlaws, including the famous Fjalla-Eyvindur.

[229] Horseback tours, both local and cross-country, are popular with tourists and Icelanders themselves.

Leiðin lá til Vesturheims · The way led to America

In 1856 the first Icelanders settled in Spanish Fork, Utah. Some fifteen years later the great emigration began, and now, even generations later, thriving Icelandic communities can be found across the US and Canada.

[231] Húsavík: cf. 67, 83.

[232] Ábrystir: a great treat made of cooked curds of cow's milk in the first week after the cow has calved, eaten warm and served with sugar and cinnamon.

[233] The literal Icelandic translations of the *Florida Today* quotes are as follows: (headline): "Bjarni Tryggvason the First Icelander in Space." (Ólafur): "Bjarni's space travel is the main news item in Iceland. We are a nation of explorers and settlers and consider space travel to be an extension of the great Viking adventure." (Bjarni): "I have a large number of relatives there. I'm going to take two Icelandic flags with me to outer space and hope to bring one of them to Iceland after the space travel." The actual text as it appeared in *Florida Today* is in the translation section.

[236] Gimli: in Norse mythology, Gimlé stands for the highest heaven, the best of all places for the righteous following Ragnarök.

„Velkomin heim!" · "Welcome home!"

[237] Icelandic can be a complex language to anyone other than a native speaker, and the country works hard to preserve the rich heritage of this essential part of the national identity (cf. 35; 243).

[238] Keiko: the killer whale born in Icelandic waters and star of the *Free Willy* movies, which, ironically, led to his eventual return to his home waters in the Westman Islands after two decades in North American marine parks (cf. 93, 198, 245).

[239] A record number of foreigners, more than 5,000, are today calling Iceland home. This once "genetically pure" land is now blending with the world, and foreign settlements are found throughout Iceland; in Reykjavík alone, foreign schoolchildren represent some 40 languages other than Icelandic, introducing new challenges to this formerly homogeneous country.

[241] So, how do you like Iceland?: A question no visitor to Iceland is likely to escape!

[242] Although it has no armed forces, Iceland is quick to assist with humanitarian aid in the event of natural disasters and has opened its borders to victims of war around the globe.

[243] The base at Keflavík was established in 1941 by American armed forces, which arrived in Iceland to replace departing British troops as part of Allied defensive strategies during WWII. In 1949 the base became aligned with NATO operations (cf. 237).

[12] Ísland í dag

Iceland Today

Living in a world that is fast mixing the old with the new, traditional activities take their place by the newly imported in the daily life of Icelanders. The people work hard, but when all of the day's duties are done, a little time off is always enjoyed, whether to sip coffee with friends at a local café or to take time out for a walk by the sea.

Bílaþvottur í vetrarsól

Undanfarna daga hafa skipst á frost og þíða í höfuðborginni. Bíleigendur hafa notað þíðukaflana til að skola tjöruna af bílum sínum og ánægjan yfir að sjá fararskjótann skipta um ham verður varla minni þegar vetrarsólin skín og bregður bjarma á vatnsúðann. [244]

Síðasti skiladagur

Síðasti skiladagur skattframtala var í gær. Þótt margir hafi fengið skilafrest skiluðu margir framtölum sínum, sumir á síðustu stundu í gærkvöldi. Skattayfirvöld leggja áherslu á að fólk vandi útfyllingu framtalanna og skili þeim ókrumpuðum í sömu umslögum og eyðublöðin voru í. Framtölin sem þessir framteljendur skiluðu í póstkassa skattstofunnar í Reykjavík í gærkvöldi voru greinilega í réttum umslögum. [246]

Víðustu jarðgöng á Íslandi

Verið er að sprengja aðrennslisgöng Sultartangavirkjunar þessa dagana. Göngin verða um 3,5 km löng og eru um 12 metra breið og 15,5 metra há, eða rúmlega 160 fermetrar að þverskurðarflatarmáli, enda á öll Þjórsá að fara um göngin. Þetta eru víðustu jarðgöng sem gerð hafa verið hér á landi og sprengda grjótið sem kemur úr göngunum er um 25% meira en kom úr Hvalfjarðargöngunum.

Gert er ráð fyrir að gerð Sultartangaganga ljúki haustið 1999 en unnið er á vöktum allan sólarhringinn. [245]

Prufugos í Öskjuhlíð

Gervigoshverinn, sem Hitaveita Reykjavíkur hefur látið gera í Öskjuhlíð, var prufukeyrður í gær. Ísleifur Jónsson vélaverkfræðingur, sem hannaði hverinn, var ánægður með árangurinn. „Hann gaus átta til tíu metra," sagði Ísleifur.

Hann segir að hverinn sé stæling á náttúrulegum goshverum, Strokki og Geysi, en Ísleifur hefur tekið þátt í rannsóknum á hegðun þessara frægu hvera, auk þess sem hann stýrði jarðborunum í 25 ár og segist því kunnugur þessum „holubransa". „Þetta var sannkölluð prufukeyrsla, enda hefur aldrei áður verið tekið upp á að byggja manngerðan hver," segir hann.

Heita vatnið í hverinn kemur úr borholum við Suðurlandsbraut og Laugaveg. Það er leitt um dælustöðina við Bolholt og upp í Öskjuhlíð. Vatnið er yfirleitt 120 til 130 stiga heitt og þarf að blanda það í tönkunum á Öskjuhlíð áður en því er dælt út í hitaveitukerfi borgarinnar. Ísleifur segir að það sé hins vegar tekið óblandað inn í goshverinn, því að það þurfi að vera mjög heitt til að hann virki sem skyldi. [247]

Vorferð út á Sundin

Fram undan eru hefðbundnar vorferðir 11 ára nemenda grunnskólanna í Reykjavík með langskipinu Íslendingi út á Engeyjarsund. Í þessum ferðum kynna börnin sér umhverfisþætti, taka sýni af sviflífverum og botndýrum, veiða fisk, horfa á eftir fuglum, selum og smáhvölum, auk þess sem þau róa og stýra langskipinu. [248]

Svona gerum við

Það er víst engin vanþörf á að kenna börnunum að bursta tennurnar rétt. Íslendingar eiga víst heimsmet í gosdrykkjaþambi og sælgætisáti og því er hættan meiri sem steðjar að tönnum íslenskra barna en annarra. Hrafnhildur Pétursdóttir tannfræðingur fræddi börnin í Austurbæjarskóla um tannhirðu og tannburstun í gær, en þá var hinn árlegi tannverndardagur sem jafnan er haldinn fyrsta föstudag í febrúar. [249]

Kíkí bjargað úr klípu

Slökkviliðið í Reykjavík bjargaði páfagauknum Kíkí úr sjálfheldu sem hann lenti í við hús við Fjólugötu um klukkan 15 í gær. Fuglinn hafði komist út af heimili sínu og sest á grein, en ekki vildi betur til en svo að keðja sem hann hafði um fótinn kræktist í tréð þannig að hann komst hvorki lönd né strönd. Slökkviliðsmenn fóru á vettvang með stigabíl, fóru hægt að honum og töluðu til hans svo óttinn yrði ekki skynseminni yfirsterkari. [250]

bland
í poka

Hraðamyndavél tekin í notkun

Embætti ríkislögreglustjóra hefur flutt til landsins ratsjá með myndavél til hraðamælinga í umferðinni og ætlunin er að fá fleiri slíkar myndavélar til landsins á næstunni.

Skráðum eiganda bíls er sent sektarboð, hafi bíllinn verið myndaður á meiri hraða en leyfilegt er. Ef annar var ökumaður þegar myndin var tekin ber eigandanum að upplýsa hver það var.

Nýja ratsjármyndavélin starfar þannig að lögreglumenn þurfa ekki annað en að stilla hana, svo geta þeir hallað sér aftur í sætunum í lögreglubílnum meðan hún myndar sjálfkrafa þá sem fara yfir hámarkshraða. [251]

www.leit.is

Doróthea og félagar skemmta veikum börnum

Doróthea, fuglahræðan, ljónið, tinkarlinn og hundurinn Tótó úr leikritinu Galdarakarlinum í Oz heimsóttu á dögunum barnadeild Sjúkrahúss Reykjavíkur og brugðu á leik fyrir börnin. Leikritið hefur verið sýnt við góðar undirtektir í Borgarleikhúsinu í vetur en þessa sígildu sögu ættu flestir að kannast við. Leikarar Leikfélags Reykjavíkur sungu, dönsuðu og sprelluðu fyrir unga áhorfendur sína og var ekki annað að sjá en börnin væru hæstánægð með ævintýralega heimsóknina. [252]

Fiðlarinn á þakinu aftur á svið

Sýningar í Þjóðleikhúsinu á söngleiknum Fiðlaranum á þakinu hefjast á ný í kvöld. Fiðlarinn var frumsýndur í vor sem leið.

Sögusvið verksins er lítið rússneskt þorp í upphafi aldarinnar, í gyðinga-samfélagi. Þar býr mjólkurpósturinn Tevje ásamt eiginkonu sinni og fimm dætrum í sátt við Guð og menn. Lífið er í föstum skorðum hjá þorpsbúum, mótað af aldgömlum hefðum og siðvenjum sem eru haldreipi í brothættri og þversagnakenndri tilveru.

Fiðlarinn á þakinu var fyrst frum-sýndur á Broadway 1964 og hefur síðan slegið hvert sýningarmetið á fætur öðru í leikhúsum víða um heim. [253]

Pétur Pan á myndbandi

Ævintýrið sígilda frá Disney um Pétur Pan er komið út á myndbandi í nýrri hljóð- og myndblöndum.

Í fréttatilkynningu segir: „Fjörið hefst þegar Pétur Pan, hetja kvöldsagnanna hjá Vöndu, Jóni og Mikka, býður þeim að kynnast hinu heillandi Hvergilandi þar sem æskan ræður ríkjum og enginn verður fullorðinn. Með aðstoð hinnar hugrökku Skellibjöllu og handfylli af hinu ómótstæðilega álfaryki eru þeim allir vegir færir og saman fljúga þau á vit ævintýranna þar sem Pétur þarf m.a. að takast á við svarinn óvin sinn, Kobba kló, í mögnuðum bardaga." [254]

Smáfólk

Nú á ég þrjú einkunnarorð „lífið heldur áfram", „gildir einu" og „hvernig ætti ég að vita það?"

Mjög djúphugsað, ha? Kannski dálítið of djúphugsað . . .

Gildir einu! Hvernig ætti ég að vita það? Lífið heldur áfram! [255]

Þakkir fyrir sérstaka þjónustu

Ég vil senda þakkir mínar til unga piltsins sem vinnur hjá 10-11 í Austurstræti. Rétt eftir hádegi á þriðjudaginn var ég að versla hjá 10-11. Ég hafði lagt bílnum við Herkastalann og þegar ég sá að ég var búin að versla í þrjá poka sagði ég við stúlkuna að ég yrði nú líklega að fara tvær ferðir með pokana. Hún sagði þá að hún myndi biðja ungan mann um að hjálpa mér með þetta að bílnum sem hún gerði. Þá kemur ungur, fallegur og elskulegur piltur, sem ekki aðeins hélt á öllum pokunum fyrir mig, heldur hélt hann undir handlegginn á mér svo ég dytti ekki af því að það var hálka. Þetta fannst mér einstakt hjá svo ungum pilti og vil ég senda honum sérstakar þakkir fyrir hjálpsemina.

Ingibjörg S. [256]

Morgunblaðið á mánudögum – fyrir útvalda

Ég vil óska internetaðdáendum til hamingju með þau forréttindi að geta lesið Morgunblaðið á mánudögum. En um leið langar mig að spyrja útgefendur Morgunblaðsins hvenær lesendur blaðsins á pappír megi búast við sömu þjónustu, þ.e. að fá Morgunblaðið á mánudögum.

Lesandi. [257]

Morgunblaðið ekki á mánudögum

Í Velvakanda 4. þ.m. var lesandi að óska eftir að fá Morgunblaðið á mánudögum. Ég vil hafa frí frá lestri þess einn dag í viku. Það tekur mig svo langan tíma að lesa blaðið.

Annar lesandi. [258]

Um móðurmálið

Hafið þið heyrt annað eins! Ungur menntamaður kemur fram í sjónvarpi og bar á borð fyrir þjóðina að með því að leggja niður móðurmálið okkar getum við sparað svo og svo marga milljarða króna. Heppinn er þessi ungi maður að vera Íslendingur, annarsstaðar hefði hann verið dæmdur fyrir landráð. Þetta er það síðasta sem maður gæti hugsað sér að við gætum uppskorið fyrir að búa eins vel og við gátum að ungu kynslóðinni. Ég bið til guðs um að hann opni augu þessara manna sem láta sér detta annað eins í hug og þetta. Svo mikið erum við búin að ganga í gegnum um aldirnar og berjast fyrir sjálfstæði okkar, tungan okkar er það sem gerir okkur að þjóð og verður aldrei metin til fjár. Ungir Íslendingar, gerið okkur aldrei þá hneisu að meta fjöregg okkar Íslendinga til fjár, það er einfaldlega ekki til umræðu.

Ein af gamla skólanum sem lagði sín litlu lóð til baráttu fyrir sjálfstæðinu.

Júlíana G. [259]

TAPAÐ/FUNDIÐ

Stígvél tekið í misgripum

Ég heiti Fannar Örn, 4ra ára, og fór í sund á Kirkjubæjarklaustri laugardaginn 5. júlí sl. Ég tók óvart eitt stígvél nr. 26 merkt: Ingibjörg Eva en mitt stígvél er nr. 28 merkt: F.Ö.A. Síminn hjá mér er í símaskránni. [260]

Fatnaður í óskilum

Töluvert af fatnaði er í óskilum á Hótel Borg, ef einhver af okkur gestum telur sig hafa tapað fatnaði hér þá vinsamlega hringið inn og athugið málið í síma milli kl. 14-17 virka daga. [261]

Gler úr gleraugum fannst

Gler úr gleraugum fannst á Háaleitisbraut sl. miðvikudag og má eigandinn vitja þess í síma. [262]

Græn snyrtibudda tapaðist

Ef einhver hefur fundið græna snyrtibuddu með ýmsum snyrtiáhöldum, þar á meðal spegli með Monu Lisu á bakhliðinni, vinsamlega hafið samband í síma. [263]

GÆLUDÝR

Þakkir fyrir að skila kisu heim

Kærar þakkir til mannsins sem kom með kisuna mína í Eskiholtið í Garðabæ.

Ragna. [264]

Páfagaukur fannst

Lítill hvítur páfagaukur fannst í Hlíðarsmára í Kópavogi sl. miðvikudag. Hann kemur líklega úr Garðabæ. Upplýsingar í síma eftir kl. 16. [265]

Kettlingar

Tvö yndisfögur fjögurra mánaða kettlingasystkini sem kunna alla kattasiði, greind og kassavön óska eftir ástríku heimili. [266]

Kanína fæst gefins

Kanína, þriggja mán., svört, fæst gefins. Með henni fylgir búr og fylgihlutir. Uppl. í síma. [267]

Hamstur fannst

Brúnn og hvítur hamstur fannst á rölti á Grettisgötunni í síðustu viku. Kannist einhver við að hafa tapað hamstri er hann beðinn að hringja í síma. [268]

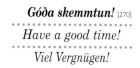

Í golfi á Þorláksmessu

Bræðurnir Hannes og Júlíus Ingibergssynir brugðu ekki út af vananum í gær þegar þeir léku níu holur á golfvellinum á Korpúlfsstöðum. Þeir sögðu golfíþróttina allra meina bót og spila þeir allan ársins hring nema ef veður hamlar. Veðrið í gær var eins og síðsumars eða snemma að vori, talsverð gola og um sex gráðu hiti, flatirnar sléttar og þurrar og Esjan fagurblá og nánast snjólaus.

Hannes, sem er 75 ára, sagði að golfið væri tímafrekt en af tímanum hefði hann nóg. „Ég er hættur að vinna. Ég var kennari í Menntaskólanum við Sund en golfið hef ég stundað frá 1965 og hef spilað mikið síðustu árin," sagði Hannes.

Júlíus, sem er 83 ára og var lengst af sjómaður og útgerðarmaður í Vestmannaeyjum, sagði að það væri ekkert sérstakt við að menn væru að spila golf á Þorláksmessu. „Það er um að gera að þjóna guði og vera úti í náttúrunni. Við höfum verið að spila allt árið en ég man reyndar ekki eftir svona mildu veðri um þetta leyti árs," sagði Júlíus. [271]

Brugðið á leik

Félagarnir Jóhann Þorsteinsson og Haraldur Hannesson brugðu á leik á hjólabrettunum sínum á Ráðhústorgi í gærdag. Töluverður áhugi er fyrir íþróttinni meðal akureyrskra unglinga sem gjarnan fara með brettin sín í miðbæinn og leika þar listir sínar fyrir gesti og gangandi. [269]

Brauð í gogginn

Fuglarnir við Bakkatjörn á Seltjarnarnesi eru
hændir að Guðjóni Jónatanssyni. Hann byrjaði að
færa fuglunum brauð fyrir fimm árum og hefur
gert það daglega undanfarin tvö ár.

Guðjón segist hafa gaman af þessu. Hann sé
hættur að vinna og sér þyki gott að hafa eitthvað
við að vera. „Ég var veiðimaður hér áður fyrr en
nú gæti ég ekki banað fugli nema í algerri neyð,"
segir hann. „Þeir hænast svo að manni og maður
að þeim."

Guðjón segir misjafnt hversu margir fuglar
komi og einnig hvenær dagsins þeir komi að
Bakkatjörn, þar sem hann gefi þeim. Hann fylgist
hins vegar með þeim og reyni að vera tilbúinn með
brauðið þegar þeir safnist þar saman. „Í morgun
var gæsahópurinn á förum þegar ég kom en hann
sneri við þegar ég flautaði," segir hann. [272]

Skemmtan í skammdegi

Þrátt fyrir að veður sé oft napurt í nóvember þá hefur Vetur
konungur verið blíður að undanförnu og því fagna bæði menn og
dýr. Boltaleikur tryggir að hundurinn og eigandi hans njóti
útivistar og góðrar hreyfingar. Innan skamms verður boltinn sem
notaður er í leiknum ef til vill úr snjó. [273]

Að gefa brauð

Það hefur löngum verið barna yndi að fá að fara í fylgd
fullorðinna niður að Tjörn og brauðfæða endurnar.
Þrátt fyrir tölvuleiki, tívolí og margskyns nýjungar í
afþreyingu ungviðisins, er Tjarnarheimsókn eitt af því
sem aldrei virðist fara úr tísku. Ragnhildur Sandra
Kristjánsdóttir, sem er þriggja og hálfs árs, brá sér niður
að Tjörn til að gefa öndunum brauð, sem þurftu að etja
kappi við álftirnar. [274]

[12] Ísland í dag · Iceland Today

Bland í poka · A mixed bag

Almost every söluturn and sjoppa—very small stores with many sweets—have trays of penny candies under the glass counter. Children (and the occasional discrete adult!) line up to select a carefully considered blend of their favorites, which are slipped into small, colorful bags, making a "bland í poka."

[244] Having the sun near the horizon for much of the winter is difficult for drivers and pedestrians alike, and friendly warnings to take care in traffic are regularly posted by local authorities.

-Since Icelanders tend to pamper their vehicles, car washes are in use all year long. Many gas stations around the country have free services, with water brushes available around the clock.

[245] More and more tunnels are being built in Iceland as a way of circumventing the otherwise long, winding roads necessitated by the landscape. Most are mountain tunnels that shorten routes to otherwise distant settlements, but the new Hvalfjörður tunnel under the fjord of the same name reduces the travel time between Reykjavík and Akranes by half. Among other tunnels that are under consideration is one that would connect the Westman Islands with the mainland, which now relies on a ferry and air service (cf. 93, 198, 238n).

[247] Geysir, which lent its name to geysers in English, and Strokkur (cf. 53) are part of the famous route called the Golden Triangle, which also consists of the magnificent waterfall Gullfoss, and Þingvellir, original site of Iceland's Alþingi. This well-travelled route just east of Reykjavík is generally a must for any visitor to Iceland.

[248] Íslendingur: cf. 1.

[250] Parrots are surprisingly popular pets in Iceland! (cf. 76, 265)

Er það? · Is that so?

Although Iceland was a great contributor to Medieval literature, it fell into a dark age that only began fading in the late 19th century. Except for religious works and Latin translations, very little Icelandic literature was produced for some 600 years. Iceland's first real novel, *Piltur og stúlka* (Lad and Lass), by Jón Thoroddsen (1818–68), was published in 1850, leading the way for a steadily growing number of authors, many of whom now enjoy international recognition—even the prime minister, with a long background in the arts, has a best-selling book of short stories (cf. 147; 222n).

[255] Smáfólk: literally, "Little Folk," a translation that could be much appreciated by Charles Schulz, since he had originally wanted his strip to be called almost that: "L'il Folk"!

[256-268] Velvakandi first appeared in Morgunblaðið some 70 years ago as a forum for letters to the editor. Those longer letters are now presented elsewhere, and Velvakandi provides people with the opportunity to voice opinions, advertise lost and found, and make other points of general interest (cf. 216).

Þegar tími gefst · When there's time

[269] Skateboarding is a popular pastime of youth in and around the city. Special courses have been set up inside some buildings, but a town square is often the favorite meeting place of these fast-wheeling aficionados.

[271] Þorláksmessa: cf. 28, 195.

-Iceland has 53 golf clubs! (cf. 225)

-A good opportunity to see how names are flexible. Brothers become the "synir" (sons) of their father, daughters become "dætur," and brother and sister named together are called "börn."

Although the law has changed that required citizens to carry the patronymic second name, i.e., establishing one as the son or daughter of the father, traditional names would be expressed as follows: Róbert Jóns**son** is Róbert, the son of Jón; Róbert and his brother Davíð would be Róbert and Davíð Jóns**synir**; their sister Anna would be Anna Jóns**dóttir**; Anna and sister Guðrún together would be Jóns**dætur**; to speak of brothers and sisters together requires yet another name, e.g., Davíð and Guðrún Jóns**börn**, that is, the children of Jón.

Translations

Artwork from Ice at Skeiðarársandur

[Front Cover]

A group of students from The Icelandic College of Art and Crafts went east yesterday to Skeiðarársandur to observe conditions after the glacier debacle; in addition, the students created art from the icebergs on the sand plain until it grew dark.

Halldór Eiríksson, a student in the graphic arts department, and one of the organizers of the trip, said various tools were used to sculpt this material, a powerful chain saw, and also wood saws, hammers, chisels, and welding tools of various kinds. "Also, the icebergs were worked in many different ways, such as boring into them, painting, binding them, and raising them on timber, to mention some of it."

[1] THEN AND NOW

MODERN VIKINGS

[1]

In the Footsteps of Ancestors

The Icelanders have long prided themselves on being descendants of the Vikings, even though the seamanship of our ancestors may be contested. Nevertheless, it is a pleasant feeling to step into the shoes of those who sailed across the ocean and settled down here in times gone by. As a matter of fact, that can be done by taking a ride on the Viking ship *Icelander* in Reykjavík harbor and sailing with it across the blue sounds.

It can be truly said that Gunnar Marel Eggertsson, captain of the Viking ship *Icelander* and a fourth-generation shipwright, followed in the footsteps of his ancestors when he chose his vocation.

[2]

vera í víking

[3]

A Wedding in the Viking Manner

Stefanía Ægisdóttir and Dennis Robert Lee were wedded in the heathen manner on New Year's Eve. The chief priest Jörmundur Ingi married them in the Temple of Freyja in the restaurant Fjörukráin, the first wedding ceremony to take place there. The bride's mother, Guðný, was pleased with the wedding.

"I find it OK," she says. "It was festive and Jörmundur Ingi performed beautifully. Good pledges were required of them and they gave each other great promises. I'm open to all religions and don't consider one religion to be better than another."

She says the newly married couple are both highly interested in ancient culture, and the idea may well have come from that common interest. After the ceremony, a banquet was held for relatives and close friends, lasting until after three o'clock in the afternoon. At the banquet, traditional fare with mead was served. In the evening, the couple had dinner with the bride's parents and shortly after midnight went to their suite at Hotel Esja, where they spent the night.

Medieval Fare and Nectar

[4]

National dishes as served in the seventeenth century recently surfaced at the restaurant Fjörukráin. "This was of course a modern handling of those dishes, but we used raw material that has been at hand in this country from time immemorial," says chef Jón Daníel Jónsson. "This was the final stage of a course held by the Educational Center for Hotel, Restaurant and Food, its theme being Icelandic food and Icelandic cooking.

"One of the dishes was a genuine medieval dish," says Jón Daníel. "As a matter of fact, it can be traced to Europe and is called aristocratic sauce—that is to say, seasoned cold sauce. We also served dishes of singed sheep's heads, with which we experimented. We deep-fried them and also made sheep's-head pâté. We offered sour seal's fins and hashed skate, which is an old dish from the northwestern peninsula, pickled gills, and finally we made a very old recipe of thin, leaf-patterned bread from Svarfaðardalur valley, which is slightly different from the kind we are used to."

In attendance were media people as well as representatives of the farming community, the cultural elite, the fishing industry, and the travel sector.

Vikings at Þingvellir

[5]

Vikings at the International Viking Festival sped to Þingvellir yesterday and held a special "festive assembly" in the presence of Ólafur G. Einarsson, president of the Alþingi. The picture shows a Viking father and son from Denmark enjoying their stay at Þingvellir. The young chap's name is Halfdan, which the father explained by the fact that he is only half a Dane, his mother being Swedish. The Viking Festival concludes tonight, Sunday evening, with a cremation, where fire will be set to an eight-meter-long replica of a Viking ship, according to heathen custom.

Vikings Lay Among the Slain

[6]

The International Viking Festival was inaugurated yesterday at Víðistaðatún in Hafnarfjörður. The President of Iceland opened the festival formally at four o'clock, after which copies of the festival's program for the next five days were distributed among the visitors.

A battlefield was entered where Vikings fought to the last man, exhibiting great dexterity and style. They were applauded by the spectators, who were pleased despite the rain, which started in good time, according to Icelandic custom. Then the victor of the battle presented the President of Iceland, Ólafur Ragnar Grímsson, with a splendid Viking sword, and the wrestling champions stepped forward to show Icelandic wrestling. Horses and theater groups were in the area, and *rímur* poems were recited.

At the festival site, Viking tents have been pitched where various kinds of merchandise are sold. Carcasses were grilled on open fires, and visitors had a choice between meat and dried cod heads.

ADVENTURES

[7]
Climbing the Ice Floe

Members of a rescue team were recently exercising ice-floe climbing in the Gígja river bed in Skeiðarársandur. This picture was taken on that occasion, not at an Egyptian pyramid as might be surmised at first sight. A great flow of tourists is expected on the sand now that the road across it has been reopened, and tourists are urged to travel with care.

[8]
lífið er ævintýri

[9]
Planning to Climb Mount Everest

Three Icelanders, Björn Ólafsson, Einar Stefánsson, and Hallgrímur Magnússon, are planning to become the first Icelanders to climb Mount Everest, the highest mountain in the world. The trek will be undertaken next spring, and they plan to reach the peak in the period from 5 to 15 May.

[10]
Everest Climbers Awarded a Bronze Cross

The Everest climbers, Hallgrímur Magnússon, Einar K. Stefánsson, and Björn Ólafsson, all Scouts, were awarded a Bronze Cross, a badge of honor of the Scout movement, at "Solar Samba," the regional jamboree of the Reykjavík Scouts at Úlfljótsvatn last weekend.

The feat of Hallgrímur, Einar, and Björn will long be remembered and is an incitement to all those who aim high, as was indicated in a news item from the Scouts on account of the handing over of the badge of honor. Júlíus Aðalsteinsson, public relations man of the Icelandic Boy and Girl Scout Association, said that few Scouts have received the Bronze Cross, which is the medal awarded for personal achievement. A Silver Cross is awarded for saving the life of another, and a Gold Cross for endangering one's life when saving the lives of others.

[11]
Greenland Trek Starts

Four women aim at being the first Icelandic women to cross the Greenland Icecap on cross-country skis. The trek, some 600 kilometers long, is to start at the end of April and, according to the plan, will take four to five weeks.

The women agree that it is first and foremost yearning for adventure that has driven them. They feel sure that their experience in rescue teams will weigh heavily in their trek, but the spiritual aspect will no doubt be trying, since it is no easy task to pull a heavy load of provisions and to sleep in a tent for many weeks. At that time the frost during the day will be some -10°C to -15°C, but it can descend to -27°C at night. Members of the expedition plan to pull their provisions on five sleds that will weigh, on average, about 80 kilos.

The ladies have recently come from a nine-day preparatory trek across Vatnajökull glacier, and will set out for Greenland on Saturday to cope with the Greenland Icecap.

CAPTION: María Dögg Hjörleifsdóttir (left), Þórey Gylfadóttir, and Anna María Geirsdóttir look forward to crossing the Greenland glacier. The fourth woman in the group, Dagný Indriðadóttir, is at present in Thailand.

Christmas Celebrated on the Ice
[12]

The three Icelanders planning a trek to the South Pole made known their itinerary yesterday and started collecting pledges in support of the Sports Association for Disabled in Iceland, donating 250,000 krónur themselves. Various companies have supported the group, and all money collected will go undivided to the association and will be used to prepare Iceland's participation in the Sydney 2000 Paralympic Games.

The members of the expedition will fly to Chile tomorrow. They plan to set out for the Antarctic on 8 November. Their aim is to cover the distance to the pole in no more than sixty days. According to Ólafur Örn, the dish for the Christmas dinner will be roast lamb, donated by Síld og fiskur.

CAPTION: The walking champions Ingþór Bjarnason, psychologist, Haraldur Örn Ólafsson, lawyer, and his father, Ólafur Örn Haraldsson, MP, taste some of their provisions out of plastic bags.

Penguins and the Works of Man
[13]

"There's been no time to prepare for Christmas, but we'll see what comes of it. At least we're certain to have a white Christmas," wrote the companions Jón Sveinþórsson and Freyr Jónsson in an email last Sunday. They are in a specially equipped glacier jeep in the Antarctic and will be in the Wasa Research Station over Christmas, but during the last few days they have been busy transferring equipment and people from the ice breaker that took them south, to the research station. While driving across the ice sheets they have come across the venerable inhabitants of the area, the penguins, which are not vexed by glacier jeeps or other works of man.

THE ICELANDIC HORSE

Icelandic Horses on CNN
[14]

The presentation and marketing of the Icelandic horse has been zealously pursued, and many people are convinced that it is the best horse in the world, neither more nor less. Recently, Icelandic horses were thoroughly dealt with by the American television station CNN, which is first and foremost a news medium. As is well known, the station broadcasts around the world and its programs are picked up by millions of people. The material was acquired from the famous American admirer of the Icelandic horse, Dan Slott, who runs the Icelandic horse center Millfarm, not far from New York City. The news announcer declared that the Icelandic horse is the Mercedes-Benz of horses, and mentioned that once you have tried an Icelandic horse, there is no turning back.

At long last the "tölt" horn comes back to Iceland after ten years in Germany, owing to the unbelievable performance of Vignir Siggeirsson and Þytur from Vatnsleysa. Indescribable were the feelings pervading the Icelanders as Vignir rode the victory lap on Þytur, with the Icelandic flag in his hand.
[15]

The Largest and the Smallest
[16]

Over the past decades the Icelandic horse has been growing bigger, and many people think that enough is enough. Snorri Ólafsson, a horseman in Selfoss, acquired a big one last winter that proved to be 164 centimeters by tape measure.

The horse in question is named Flosi and came from the farm Hábær in Þykkvibær. Flosi was exhibited for entertainment at Murneyri last weekend with another horse, one that might well be the smallest in the country.

The tiny one is named Napoleon Bonaparte and is owned by Kolbeinn Sigurðsson, farmer at Skálmholt, and measures only 128 centimeters by tape.

It would be interesting to have it determined whether we have here the largest and the smallest horses in the country. But in order to do so one would have to apply rod measure and probably measure a number of other large and small horses.

CAPTION: Snorri Ólafsson, who is 191 centimeters high, stands here with the companions Flosi and Napoleon and, as can be seen, the difference in height is considerable.

Riding Fast
[17]

Father and son Einar Örn Grant and Arnar Grant took a light sprint this week on their horses Þrándur and Mímir over the icy surface of Leirutjörn pond in Akureyri. The father and son as well as their horses were a fine sight in the beautiful weather, even though there was a cold breeze from the south.

Last year Einar's horse, Þrándur from Litli-Hvammur, was given the second-highest mark over the whole country for his build in the category of four-year-old stallions. Einar's son Arnar rode the horse Mímir, owned by Lilja Sigurðardóttir, a horse that has aroused great expectations for the upcoming nationwide horse meet.

hestur, um hest, frá hesti, til hests
[18]

Salka Bears Two Foals
[19]

A splendid event took place at the farm Bringa in the Eyjafjörður district when the mare Salka from Kvíabekkur, no. 9649 in the genealogical register, bore two foals that both are alive and kicking. The foals, both mares, were sired by the stallion Víkingur from Voðmúlastaðir in East Landeyjar. The couple of the farm, Jóna Sigurðardóttir and Sverrir Reynisson, last year took the trouble to drive with their mare all the way south to Rangárvallasýsla, and now that the result of the trip has come to light, it must be considered quite good.

Salka took a 7.88 as a general mark when exhibited and is therefore close to getting the first prize. Thus, the couple at Bringa can expect to own excellent breeding mares in the future.

The Icelandic Horse
[20]

The Icelandic horse has been in the limelight after good performances by riders and horses at the recently concluded World Championship in Norway, and on that account we are dealing with horses. Horses are in the family of hoofed quadrupeds, with seven species in one genus, which also includes donkeys and zebras.

Horses are large of build, with long legs and necks, rounded bodies, and short, hairy tails. This is how the *Icelandic Encyclopedia* describes the horse. Most horses are short-haired and bushy, with manes on their neck, and on each foot there is one toe fitted with a horny shoe. There are many breeds of the tamed horse, which are considered to descend from the Mongolian horse that was first tamed around the year 2000 B.C. The Icelandic horse, having been bred since the settlement of the country, is small of build, spirited and nimble, and is sometimes counted among ponies. He is the only horse endowed with all five gaits, tölt (rack or single foot or running walk), pace, trot, walk or step, and gallop, but the last three gaits are to be found in all horses.

[2] WORK LIFE

BUSINESS

An Icelandic Experimental Sports Car for Foreign Markets?
[21]

The companions Gunnar Bjarnason and Theodór Sighvatsson, who are constructing an experimental sports car, think it possibly realistic to construct such cars in this country and sell them on foreign markets. As yet this is merely an experiment, and according to Gunnar it will hardly be clear until mid-year how realistic it is.

"We've worked at the design and construction for the last two years, devoted our leisure time to it as far as we were able to stay away from work and family." Gunnar emphasizes that he and his companion are not inventing the wheel. Their idea is to construct a useable sports car, its design taking into account both the driver and his safety.

The car is named Adrenalín and has two seats, a long hood, and a short, low superstructure. "This is a car that can reach a maximal speed of 150–180 kilometers, but then the air resistance starts growing difficult, since the design of the car is not exactly streamlined," Gunnar says. "On the other hand, it's fast at 90 kilometers, since we expect to provide it with a 6-cylinder, 2.8-liter, 300-horsepower engine with two compressors."

Gunnar says that today the price of the car is 3.2 million krónur. It is possible to obtain the car in various forms with regard to the engine and equipment.

Explosion in Sales of Christmas Lights
[22]

There has been a great increase in the sales of all kinds of lights and decorations for the coming Christmas, many shops having almost sold out their stocks. Among other things, a lack of snow is believed to have encouraged the sales of lights. According to Haukur Þór

Hauksson, shopkeeper in Borgarljós Ltd. at Ármúli, there has been a marked development in Christmas decorations in this country over the past few years. He says that this is especially the case regarding outdoor Christmas decorations, both for individuals and companies. "This custom probably came to Iceland from North America and has by now become a permanent fixture. A contributing factor is doubtless that the lights have become much cheaper than before."

Iceland on the Bank Note
[23]

Iceland is now shown on the map of Europe that will adorn the bank notes that will be issued in euro, the anticipated currency of the European Union. The first proposal for the design of the bank notes introduced last December did not include Iceland on the map. Yesterday the European Monetary Institute (EMI) in Frankfurt presented a revised version of the notes, where Iceland and Turkey have been added.

Bridges, gates, and windows are pictured on the bank notes as symbolic of the cooperation between the European states. In the new version, the pictures have been simplified so they will not be connected with specific structures in the individual states.

Luxury Jet for Hire at Atlanta
[24]

Air Atlanta Icelandic has overtaken the operation of a luxury jumbo jet of the type Boeing 747. Jets of this size usually have a capacity for 480 passengers, but the way this one is fitted out it holds fewer than 100 passengers. The rent for the jet is 20 thousand dollars per hour or about 1.4 million Icelandic krónur.

Among those who have utilized the service of the jet are the family of the Sultan of Brunei, Bill Gates, owner of Microsoft, various governments, and Michael Jackson.

Early Risers Collecting
[25]

In Grundarfjörður an unusual amount of fireworks was shot aloft at New Year's. The fireworks supplies of the National Life Saving Association of Iceland were almost sold out, and at midnight the sky was ablaze above the town, sometimes six suns being seen simultaneously.

Those who woke up early on New Year's Day and looked out their window saw children snooping around backyards, alleys, and even on roofs searching for burnt-out fireworks, torches, and other things connected with the explosions at New Year's. Children consider these things to be great treasures, but usually the aim of the collection is not to clean up the junk and thus embellish the environment, but to collect more than the others.

CAPTION: Two of the most efficient collectors in town, Tómas Logi and Rúnar Þór. They started early and, after collecting, arranged their supplies so that it would be obvious how efficient they were.

[26]   *það reddast*

Icelandic in the Limelight
[27]

Every third person queried in a poll organized by the promotional effort *Icelandic – Yes, thanks!* chooses Icelandic merchandise, due to the incentive of the effort. The poll was made earlier this year, and it also indicates that those who refer directly to the effort are 10 percent more numerous than last year. Moreover, repeated polls made by ÍM Gallup have shown that over 90 percent of consumers consider Icelandic merchandise better than or equally good as foreign goods.

This autumn the slogan is *Icelandic – Yes, thanks, I'll buy that!* and the effort is now beginning for the fourth time. Emphasis is placed on pointing out to consumers that by buying native goods they are getting a bargain while at the same time strengthening the economic life of their country. A news bulletin from The Federation of Icelandic Industries reports that the effort has aroused great interest, and its good results have led to ongoing promotional cooperation of the industrial community, even though the effort had only been planned for the year 1993.

FROM THE SEA

Sales of Skate Have Increased Year by Year
[28]

Sales of skate had a good start before Christmas, as more and more young people are among the buyers, says Vilhjálmur Hafberg, fishmonger in Gnoðarvogur.

"It's mainly middle-aged and elderly people who buy it, but it's also popular with younger people. Frequently, groups of eight to ten gather to eat it. Others just go home to their mother or mother-in-law and get their skate there."

Vilhjálmur says that most people boil the skate and eat it with greaves. "Some people use 'Vestfirðingur' kneaded suet from the West Fjords. It's most common among older people and those brought up with that custom."

It's ever more common that skate is boiled and mashed. "It's cast in a baking tin and eaten cold, cut up into slices on top of buttered rye bread, something like the pâté of singed sheep heads."

Most people eat skate on St. Þorlákur's Day, but some speed up the meal in order to get rid of the odor before Christmas. "Many people simply solve that problem by boiling smoked lamb right after the skate or putting cloves and vinegar into a pot to boil. Then a spicy smell pervades the house, dispelling the odor of the skate."

Fully Laden from a 2-Hour Fishing Voyage
[29]

Rafn Oddsson, who is said to be the oldest captain in Ísafjörður, did well on the first day of the fishing season for inshore shrimp in the Fjord yesterday. After a two-hour voyage, Rafn returned to shore with a full load, 3.5 tons of shrimp after three hauls. Rafn, who is 71, fishes with another man, Ólafur Halldórsson, a deck hand, aboard *Halldór Sigurðsson ÍS13*, and has a shrimping quota of 40 tons. If the season goes as well as yesterday, he will need about 12 voyages to finish his quota, but the law doesn't permit men to shrimp more often than once a day.

[30]

What is left of the quota 2 Nov. 1999 (83% of the quota year remains)		
Cod	Haddock	Saithe
Redfish	Wolffish	Greenland halibut
Plaice	Dab	Inshore shrimp
Long rough dab	Witch	Offshore shrimp
Capelin	Shellfish	Lobster

Aflamark: catch quota · Ný staða: new standing
þús.: thousand t./tonn: ton

[31] Cod Heads to Þorlákshöfn

All cod heads found in a fish processing plant in Reykjavík were collected last Friday, piled upon a lorry, and driven to Þorlákshöfn, where they will hang for the next few weeks. After that, they will probably head south on board freighters before becoming food for Africans.

[32] Ships Tied to the Piers

Most ships in the Icelandic fishing fleet had returned to port by dinner time yesterday. According to information from ICEREP, there were some 60 registered ships at sea around noon yesterday, including small boats and freighters, but at dinner time there were only 20. The day before yesterday, on the other hand, before the seamen's strike started, there were 260 ships at sea around noon. In Grindavík, where this photo was taken yesterday, the ships were coming to port as elsewhere, and it is likely that many ports will be quite crowded when the entire fleet has docked.

[33] *peningalykt*

[34] Two Female Lumpfish

There are still a few weeks until the fishing season for female lumpfish begins. As a rule, it is not until February or March that female lumpfish start spawning on the shallow banks and the lumpfishermen lay out their nets. But lumpfish, which the book *Icelandic Fishes* tells us stay far out at sea for part of the year and come back to the shallows for spawning in late winter and early spring, have begun to approach the spawning areas. The two female lumpfish that look each other in the eye in this photo were caught in the net of Kári Guðbjörnsson and his companions on the boat *Aðalbjörg 2RE*.

BUILDING AND LIVING

[35] Excavator Inside a House

The owners of this old house on Njálsgata resorted to radical measures when restoring it when an entire excavator was placed within the house to dig out the basement. In order to get it inside, it was necessary to open one side of the house and, as was to be expected, this drew the attention of passersby. The aim is to increase the capacity of the house by deepening the basement and forming a whole new storey.

[36] Big A at Flateyri

Protective walls against avalanches form a big A on the slope of the mountain above Flateyri. It is made by two leading walls and a central wall connecting them that are supposed to lead eventual avalanches past the inhabited area and down to the sea. The walls are about 1,550 meters long and are a colossal structure, as may be seen on this aerial photo, being 15–20 meters high and 45–60 meters thick. The material, taken from the mountain slope, amounted to some 600,000 cubic meters. Over the next few months, the walls and the surrounding area will be brought under cultivation.

[37] Remains of Older Turf Wall Found

Archaeologists from the National Museum of Iceland have started exploring the ruins of Eiríksstaðir in the Haukadalur valley, where Eirík the Red resided and Leif the Lucky was born.

Guðmundur Ólafsson and Ragnheiður Traustadóttir work at the excavations, which are financed by the Leifur Eiríksson Heritage Project Committee. The aim of the excavations is to explore whether there are any remains of human habitation in the ruins, for instance whether there are older buildings beneath the one that can be seen and which was explored at the end of the last century and the beginning of the present one.

They also intend to ascertain how old the house is, how large it was, and to what use it was put. Archaeologists who earlier excavated the ruins were of the opinion that it was a hall and thought they saw remains of a long fireplace in its middle with hearths at both ends. Guðmundur and Ragnheiður are making a cross section of the hall, and the fireplace can clearly be seen. They also think they have found an older turf wall outside the visible ruins that has not been explored in earlier excavations.

[38] Sandcastles Built at Holt

Over 340 people met for the annual sandcastle contest at Holt in Önundarfjörður, which was held last Saturday. Never before have so many people attended the contest, and this time 75 castles were erected, against 49 last year.

The weather was cloudy during the contest, and many a competitor was both wet and cold. On the other hand, the weather was excellent for the building activity. Prizes were given for the three best castles and an additional prize was given for imagination.

[39] A Hut for the Pet Lamb

Ingvar Þórðarson from Reykjahlíð recently built a hut for his pet male lamb, Hallur. Last spring, Hallur's two-year-old mother got inflammation in one udder, so the lamb had to be weaned. Hallur's owner, Sigríður Sóley Sveinsdóttir, granddaughter of Ingvar, then undertook to feed him with milk from a bottle. According to Ingvar, Hallur mainly accustomed himself to using the hut in rainy weather.

The pet Hallur comes from a purebred bellwether breed that is mainly cultivated in the Þingeyjar and Árnes districts. As a rule these sheep are multicolored, thinner than other sheep, smarter, and endowed with great leadership qualities. Hallur will be made into a horned bellwether.

Domestic

An investigation made on behalf of The Institute of Regional Development in Iceland shows that people who moved to the metropolitan area from the countryside in the years 1992–1996 are of the opinion that their residential conditions have improved. The items that were of greatest importance in connection with the change of address were housing, culture and entertainment, communications, and commerce and service.

[41]
The Power and the Glory in Næpan

The advertising agency The Power and the Glory has bought Næpan [The Turnip], a historic house on the corner of Skálholtsstígur and Þingholtsstræti in Reykjavík. The agency made the highest offer for the house, amounting to a little over 26.2 million krónur. Altogether, 15 bids were made for the house.

The advertising agency will move its operation into the house, and other companies will be housed there as well, but part of the house will be used for apartments. Næpan was originally built as a private dwelling, but its latest occupant was the Icelandic Cultural Fund.

The house is close to 500 square meters, with a basement, two storeys, and attic. According to information given to Morgunbladið, the State Trading Centre accepted the offer on behalf of the State. A bill of sale has not yet been made, but it is expected in the coming days, after which the house will be handed over to its new owners.

[3] NATURE

WEATHER PERMITTING

[42]
Fragrant Laundry

Steinunn Sigurðardóttir has spent six decades of her life in Garður, and on this clothesline she has dried the diapers of her seven children and two grandchildren. She says the laundry has quite a different fragrance when dried out in the open, and therefore she uses every available opportunity to hang it out.

[43]
Summer Ice Cream with Chocolate

Even though the sun has of late not been overly generous to the Icelanders, there is no reason to deny oneself the various delicacies connected with summer, such as ice cream. This, at least, was to be deciphered from the face of the girl whom Morgunbladið's photographer came across in the center of town yesterday—that with the help of a fine ice cream covered with chocolate you can forget the distress of the grown-ups that is due to the rainy weather.

Bathing in Brunná [44]

Kjarnaskógur pulsates with life on sunny days like the one experienced yesterday by the inhabitants of Akureyri and their visitors. This year, 50 years have passed since the first planting in the forest, and next month that turning point will be commemorated; during the half-century since the first trees were planted in Kjarnaskógur, its popularity has rapidly grown. There are many walking paths in the forest, playgrounds with toys for children, and there is various exercise equipment along the fitness course. The river Brunná, which runs through the forest, is among the greatest attractions for children who flock there for bathing on hot summer days.

First Snow in Ólafsfjörður [45]

The children of the kindergarten Leikhólar in Ólafsfjörður were not slow going out to play in the first snow covering the ground this autumn. They were out playing on Tuesday morning, but after lunch the snow had vanished, the most beautiful weather had come, sunshine and calm. This picture shows the companions Baldvin Orri Jóakimsson and Sveinbjörn Árnason.

Snæfinnur in Akureyri [46]

There will be much ado in Akureyri, Ísafjörður, and other places at Easter. On the Town Square in Akureyri, this stately Snæfinnur thumbs his long nose at passersby and has the undivided attention of the younger passersby.

Ready-Made Snow in the Ísafjörður Skiing Area [47]

Like other Icelanders, the inhabitants of the northwestern peninsula have not seen any snow so far this winter. Most of them are pleased with the weather, but others, for instance the ski enthusiasts, are tired of the situation, since they have barely, if at all, been able to pursue skiing this winter.

Despite the lack of snow, the personnel of the skiing area in the Seljalandsdalur valley have not given up and have in that context secured the aid of a powerful machine for producing snow. The machine has been aimed at those spots around the ski lifts where a large amount of snow is needed, with the result that now it has been possible to open the area to the public.

The Cold Garb of the Herdsman [48]

Children were playing yesterday around the statue of *Adonis, the Herdsman* by Bertel Thorvaldsen at the corner of Fríkirkjuvegur and Skothúsvegur in Reykjavík. Adonis, wrapped in a snowy garb, stared wistfully into space. The statue was mounted in 1974. According to the Icelandic Meteorological Office, a rather sharp southeasterly wind with rain or sleet is to be expected in the city this afternoon, but warmer weather is due over the whole country in the next few days. Then the snow could disappear in a short time, but it is far too early to make any predictions about a red or white Christmas.

[49] Jörundarfell with a White Pate

The cows at Hnjúkur in Vatnsdal do not let the autumnal look of nature throw them off balance. Every day is worth its agony so long as there is enough of the tasty, energizing aftergrass. But whatever revolves inside the heads of the cows at Hnjúkur, it is a fact that a warm and wet summer is soon coming to an end, and ahead is a winter where nobody knows what is in store for them.

NATURAL PHENOMENA

[50] Dimmuborgir Close to the Hearts of Icelanders

Most Icelanders know Dimmuborgir, a natural pearl in the vicinity of Mývatn. Dimmuborgir is a wondrous natural construction formed during great volcanic activity at the Þrengsla- and Lúdentsborgir some 2,200 years ago. This prodigious activity left behind a cluster of lava hills that make a great impression. Astounding configurations succeed one another, caverns, lava pillars, and many kinds of lava formations. One of the most famous of these is the so-called Church, a huge dome that is highly popular with visitors.

Because this is a very special place, people have been very eager to preserve Dimmuborgir. It has been, on the other hand, in great danger from drift sand blown in from the wilderness to the south, which has submerged part of it in years past.

[51] *það er alltaf logn í skóginum*

[52] **Geothermal heat has an immense effect on those of us who live with district heating, eat the produce of greenhouses, and bathe in basins and pots filled with natural hot water. Indeed, Snorri [Sturluson] did dip into Snorralaug, but by and large it may be said that from the settlement of the country until this century the inhabitants could not utilize the geothermal heat, and on some farms it was even considered a liability.**

[53] Eruption Activity of Geysir Researched

If the water level of Geysir were lowered by half a meter, it could erupt once or twice a day, and if it were lowered by two meters, it could erupt every half-hour or hour, eight to ten meters into the air.

Árni Bragason, director of the Nature Conservation Agency, says it is very important that further research be made in the Geysir area.

"There is great interest among the local population to build more and utilize the geothermal heat of the area, and we must be able to answer them whether it is without danger," Árni says, adding that in order to be able to make decisions regarding utilization and eventual interference, knowledge of the behavior of the hot springs is essential.

[54] Iceberg in Eyjafjörður

An iceberg drifted into Eyjafjörður the night before last and by noon yesterday it had come past Hrólfssker skerry and was nearing Hrísey island. The iceberg was rather large, with two types of towers and very majestic to see. In addition, many smaller floes could be seen drifting in the fjord. Þór Jakobsson of the sea ice department of the Icelandic Meteorological Office says icebergs originally come from the Greenland glacier.

[55] First Seaweed Found on Surtsey

Since Surtsey erupted in 1963 naturalists have been following the development of organic life on and around the island. On Surtsey there have now been found some 50 species of higher plants, but the "settlement" of submarine life has been slower. The reason is that the scraping of the sand and the breaking of the sea have considerably slowed down the growth of vegetation. Every year, considerable amounts of the south-coast rocks crack, moving the coast inland up to 50 meters annually.

In an expedition last week, specimens were taken on the sea bottom, from the foreshore down to a depth of 30 meters. Divers also took three-dimensional photographs of the bottom vegetation. About 40 percent of the hard bottom around the island is covered with algae, siliceous algae being the most common.

[56] Azure Mountain Lakes

Borgarnes – "By the azure lakes of the mountains / there is peace, grandeur and calm. / The high mountains stare at the surface / with snowdrifts, rocks and trees." These are the words of the poetess "Hulda," alias of Unnur Bjarklind. Her poem could well be about the lake Háleiksvatn, or Háleggsvatn, as it is also called. The lake is at a high altitude, some 539 meters above sea level, above the parish Hraunhreppur in Mýrar. Many people find the lake mysterious. The river Grjótá runs from the lake down to the Grjótárvatn lake, which can be faintly glimpsed in the right upper corner and where, in times gone by, many people thought they had seen a water monster.

VAULT OF HEAVEN

[57] Parhelion and Wolf on the Last Day of Summer

An unusually large halo formed around the sun in East Iceland yesterday, on the last day of summer. This phenomenon was previously called "weather helmets" and "helmet straps" by the general public, according to meteorologist Páll Bergþórsson. Many people thought they had seen omens in the sky, but they were not agreed on whether they were good or bad ones. On both sides of the sun light dots can be seen, the so-called "extra suns" that formerly were called parhelion and wolf. The saying went, "Parhelion rarely forebodes good unless the wolf is in pursuit."

When asked, Páll said that last summer had been a good one, with every month warmer than the previous one, until September, which is uncommon. "Taken as a whole, the year has been one of the warmest in a long time," he says.

CAPTION: The halo was impressive as can be seen on the photo taken at Egilsstaðir yesterday. The halo is refraction in ice crystals in the clouds,

which may be at an altitude of 7 to 10 kilometers, according to meteorologist Páll Bergþórsson. They often precede altostratus and nimbus.

[58] In the Rays of the Winter Sun

Winter solstice is tomorrow, when the sun is at its lowest in the sky and its course the shortest. Thereafter, the sun starts ascending and the days lengthening. In the calm weather yesterday, the winter sun threw its rays up at the sky, and it really seemed as if they were lifting the raven as it flew off the fence post.

[59] Rainbow in Hvalfjörður

[60] *undir berum himni*

[61] An Upper-Air Show Free of Charge

Two thousand Japanese tourists are expected to pay large sums of money for getting to Iceland this winter in order to look at the northern lights. The inhabitants of Akureyri need only to look out their eastern window over the Eyjafjörður inlet, where they have the show free of charge.

Is there any reason to doubt that the poet Einar Benediktsson, who was the first to market the northern lights, succeeded in selling this gem?

[62] Mother-of-Pearl Clouds Draw Attention

Awesomely beautiful mother-of-pearl clouds have recently been sighted off and on, as can be seen from this photo taken in Höfn in Hornafjörður last Tuesday afternoon. Mother-of-pearl clouds were also seen in the southwest last Sunday morning, and they were just as beautiful.

According to Magnús Jónsson, director of The Icelandic Meteorological Office, mother-of-pearl clouds are mainly to be seen in North and East Iceland when there is a strong south or west wind. When a strong wind blows north or east across the country, a wave motion is created, and under specific circumstances these waves can reach much higher than our troposphere, which is 10 kilometers, and can be up to an altitude of 20–30 kilometers. It is rare that any amount of moisture can reach that high, but it may happen under these circumstances. When the moisture condenses at that altitude, in 70 to 80 degrees frost, it forms tiny ice crystals. The colors in the cloud become visible when the sun is very low in the sky, even approaching the horizon, producing refraction in the ice crystals.

[63] Rainbow Seen in the Middle of the Night

Coastal banks are called sea banks, those that are right beside the town of Ólafsvík. According to old tales, various things have been seen that can't be explained in a few words. In the spring of 1744, e.g., white, fast-swimming fish were seen in these banks, like sharks.

So it was that it came to pass now in the autumn rain that a rainbow was seen in the middle of the night. The moon was full and shone brightly, and there was the rainbow, large and beautiful, although the colors were of a duller hue. One end of it was on the bank, the other

long out on the bay. It seemed easy to row under it!

This was no doubt the artwork of the Master, who always confirms his covenant, even in the middle of an autumn night.

[4] OUT AND SOUTH

IN THE COUNTRY

The Old Ways Draw the Attention of Visitors to Laufás [64]

A Work Day was held at the old farm of Laufás last Sunday, Icelandic Museum Day, and a lot of people came to observe what was offered. Emphasis was placed on textile work, with demonstrations of how wool is handled and how it is turned into a garment; Icelandic plants were shown, and their use for coloring, health purposes, and healing was made known. Craftsmen worked at carving, and on the fireplace of the old farm small pancakes were baked. There was mowing with a scythe, hay was tied into bundles and brought home on horseback.

In the church, Ragnheiður Ólafsdóttir and Þórarinn Hjartarson gave examples of Icelandic music history, and the parson, the Reverend Pétur Þórarinsson, read powerful chapters from Vídalín's *Book of Sermons*.

Now as before, the parson's wife at Laufás, Ingibjörg Sigurlaugs-dóttir, was in charge of the Work Day along with the personnel of the Akureyri Museum. Members of the associations of elderly citizens in Eyjafjörður and the Þingeyjar districts took an active part in the events of the day.

Skiphellir as Shelter [65]

Skiphellir is a large cave situated just east of the farm Höfðabrekka in the Mýrdalur valley, while at Höfðabakki there is an impressive horse-breeding farm with tourist service as a main occupation. Horses that are not being trained use Skiphellir as shelter on cold winter days, and they are given rolled hay according to requirement. The cave is very large and has long been used for part of the livestock and hay of the farm. Until the year 1660, fishing was pursued from Skiphellir, where ships were sheltered according to tradition. Fishing from Skiphellir was discontinued in the Katla eruption of 1660, when much sand and gravel was carried west along Höfðabrekka and the cliffs of the Fagridalur valley and Vík; eruptions have been extending the land ever since. Now there are some two kilometers from Skiphellir to the seaside.

Cow Show in Eyjafjörður
Huppa Considered Best [66]

Kristján Bühl, farmer at Ytri-Reistará in Arnarnes parish, owns the cow that this time got the highest rating—Huppa 107, a nationally renowned milking cow that over the past years has given unbelievable amounts of produce, milking over 10,000 kilos last year.

[67]
Green Day in Húsavík

The "Green Division" in Húsavík recently celebrated a big step in growth protection, as more than a million plants had been set in the Húsavík area in the so-called "Soil Reclamation Effort" during the past seven years.

On that occasion, the work of the nursery of Árnes on Ásgarðsvegur was presented. The town's chief horticulturist, Benedikt Björnsson, walked the visitors around the nursery, showing and telling about the various plants that are growing there, discussing their variable growth with reference to Icelandic nature. Gravel banks were also visited in order to discover where vegetation had replaced rocks. After that, all present were invited to coffee, which they enjoyed in a beautiful grove and the finest weather.

[68]
vera af allt öðru sauðahúsi

[69]
Agricultural Activity in January

Even though weather conditions have often been good at this time of the year, nobody hereabouts remembers plowing having been undertaken in January. Magnús Páll Brynjólfsson, farmer at Dalbæ in Miðfellshverfi, was taking advantage of the good weather last Saturday and preparing the soil for spring. Owners of summer houses also dug potatoes last Sunday.

[70]
Life in the Country Entices

Hrafnhildur Pálmadóttir and Ingimar Skaftason, the couple at Árholt in Torfalækur parish in Eastern Húnavatnssýsla, were among farmers of the district who invited visitors last Sunday. About 200 people accepted their invitation, observing the farming and enjoying food and drink provided by the Sales Organization of Eastern Húnavatn district.

Hrafnhildur was very pleased with the day and grateful to the many people who came visiting. She said people from all parts of the country had come and that it had been really enjoyable to have the opportunity to present life in the countryside to inhabitants of densely populated areas. Farming at Árholt is highly varied, and cows, sheep, horses, and poultry are to be found there. The youngest visitors were captivated by the ducklings and loved being able to go horseback riding. The farm dogs, Neró and Perla, also attracted the attention of the children, and it was jestingly stated that the dogs saved a lot of paper, since they were eagerly keeping the faces of the youngsters clean after they had devoured their cream waffles.

DOWNTOWN

[71]
skemmta sér konunglega

[72]
It's Good to Think in the Bus

Public transportation is a comfortable way of moving about. One need not waste time scraping windshields in the morning or spending money on gasoline or taking the trouble of looking for a parking space—the bus driver takes care of getting his passengers safe and sound to their destinations. Moreover, the bus provides an excellent opportunity for one to think and contemplate life and existence. At least the two men sitting in the front seat of bus number 110 seemed to be enjoying it.

Dressing Up the City [73]

This is the season when the city changes appearance and dresses up. Citizens undertake the spring cleaning of their gardens, and city employees tidy up, clean, plant, and beautify the environment as best they can. These workers from the horticulture department of Reykjavík municipality were planting trees at the intersection of Hringbraut and Suðurgata yesterday when Morgunblaðið's photographer passed by.

Reykjavík Among the 10 Most Exciting Cities [74]

The magazine *Newsweek* this week [6 October 1997] published an article about the wanderlust of young people, especially young Americans, along with a list of the ten "hottest" cities in the world, where Reykjavík is included.

"In this isolated Icelandic capital, people work hard and play harder," says a short comment in the weekly about Reykjavík. It states that many people have to work at two different jobs in order to make ends meet, that one can use credit cards at McDonald's restaurants, and that beer costs 10 dollars.

The comment also emphasizes the bookishness of the Icelanders and states that Reykjavík has the highest literacy rate in all of Europe. Other cities placed in the ten topmost positions on the list are Dublin, San José, Cape Town, Budapest, Prague, Sarajevo, Tel Aviv, Saigon, and Shanghai.

A Long Saturday in the City Center [75]

There will be a Long Saturday in the center of Reykjavík next Saturday with concomitant offers, summer mood, and commercial vitality. Shops will be open from 10 to 17, and cafés will be open until late in the evening. Most shops, cafés and restaurants make special offers on the occasion of the day. Toys will be offered to children on the squares Lækjartorg and Ingólfstorg, where they can also have their faces painted, and street happenings, story hours, and other entertainment will be offered.

Bjartur and Kíki Visit Town [76]

Bjartur decided to go to town yesterday, among other things to have a look at the assortment of the toy shops. He took along his parrot, named Kíki, and the bird seemed to see various interesting things in the shops. Kíki traces his origins to warmer countries, but did not wince from the cold on his trip, since the weather was mild and good.

Walking with Dog Number 102 [77]

Earlier this year, a film was shown in this country about the adventures of one hundred and one Dalmatians. A few spotty Dalmatians have been imported to Iceland, but none of them has played in a film, so far as we know. This dog, perhaps Dalmatian number 102, seems to be highly pleased walking with its owner and not at all thinking about fame and advancement in films.

An Annual Out-of-Doors Chess Tournament [78]

The annual out-of-doors chess tournament of the Akureyri Chess Club was held in the pedestrian street in balmy weather yesterday. Over 10 chess players showed up and fought it out. Jónas's Bookshop donates the tournament prize and also donated the beautiful challenge cup that is competed for each time. Icelanders boast the greatest number of International Grand Masters in chess, relative to population.

Mother's Morning in the Parish House [79]

On "Mother's Morning" the Parish House of Reykjavík Cathedral is surrounded by baby carriages, so nobody is in doubt as to what is going on inside. According to Jakob Ágúst Hjálmarsson, dean of the cathedral, many congregations hold Mother's Morning once a week. Mothers often show up with their children, have a cup of coffee, and chat together. They also receive instruction and information about pedagogical matters, not least the religious upbringing of children. When asked whether fathers were ever seen on Mother's Morning, the dean says that it has happened, but so far fathers have been exceedingly few.

ACROSS THE LAND

Polar Bear on a Visit [80]

Shortly before noon last Sunday, news was received from the steamship *Esja*, sailing its regular route from Eskifjörður to Neskaupstaður, saying that the crew had sighted a polar bear a short distance off Sandvík in Norðfjörður. According to this news, the polar bear was devouring a seal on one of the ice floes, but it was disturbed by a flock of ravens trying to get at the delicacy. The polar bear tried to scare them off by taking the seal in its jaws and swinging it around, but the ravens were very aggressive.

After some search we found the lair of the polar bear, where he had been feasting on the seal. The lair was on an ice floe, which may have been some 100 square meters, and it was reddened with blood. The floe dawdled some 200 meters off the coast, but footprints were visible many places on floes all around.

Shortly after we found the lair, we at last saw what we were looking for—the polar bear. It sauntered unruffled on one of the ice floes and was in no hurry. We saw it from a considerable distance, since the yellow pelt contrasted with the white floes, and it was also conspicuous for its chest, belly and rump being dark. We hovered there back and forth and flew as far as possible above the bear. At first, it was not at all startled and gaped inertly at the plane, but soon it grew uneasy and started rushing back and forth. The ice there was rather dense, but there was brash in between, and it was interesting to see the polar bear jumping between the floes and running along them. Then

one first realized what force inhabits this clumsy creature that had been driven to the coast of our country. Then one also understood what a danger such a creature could present if it went ashore and met with defenseless people.

Looking at the creature and contemplating its future, one's mind was captured by the thought whether this animal would get back safe and sound to its habitat, whether it would go ashore and create a dangerous situation, or whether it would float away on floes that would get ever thinner from warmer air and sea, until it sank to the depths of the ocean, without land, without hope.

The polar bear often stopped and looked up at the airplane, but then started running again, from floe to floe, with determined movements, lumbering but powerful. Shortly before we flew away it had found a small hollow on one of the floes and sat there, calmly looking out to sea.

CAPTION: The polar bear started running when Morgunblaðið's reporter shot at it with his camera.

To the Surface of the Earth [81]

Six members of the rescue team Fiskaklettur in Hafnarfjörður were lowered into the 150-meter deep Þríhnúkahellir cave in the vicinity of the Bláfjöll mountains last weekend. Þríhnúkahellir is one of the world's largest lava caverns.

The cave is an old volcanic crater, and in order to get down into it, the rescue-team members had to be lowered 120 meters in a nearly free fall, then had to climb back with a rope by using the so-called line-clip. They were 5–10 minutes going down, but it took them 2 hours to get back, climbing up in pairs, using two lines, one a safety line.

CAPTION: Örvar Þorgeirsson took this picture in the Þríhnúkahellir cave when two of his companions were climbing up the rope towards the daylight.

Winter at Mývatn [82]

Most tourists come to the Mývatn region in summer, but it is no less beautiful at other times of the year. Winter is harsh so high above sea level, but the light is unique. The weather was calm and beautiful in the Mývatn region last Sunday, but it was quite cold, some 21 degrees below zero on centigrade, the cold biting one's cheeks when this photo was taken at Höfði.

Balmy Weather at Húsavík [83]

North and East Iceland have lately enjoyed a uniquely balmy weather—Mallorca weather, as the locals call it. Vegetation is, as usual, fairly flourishing and the growth of berries is good, which people have taken advantage of. Also, the weather could not be better for the autumn roundup of sheep. Most people agree that Húsavík is among the most beautiful places of Iceland. The harbor is smooth as a mirror, and the evening light lends a magical appearance to the town.

fara í berjamó [84]

[85] Ice Cave Found

Egilsstaðir—An ice cave was found at the head of the Hnútulón lagoon in the Brúarjökull glacier, which is on the north side of the Vatnajökull glacier. Hnútulón flooded last summer when the waters were at their zenith in the rivers Kreppa and Jökulsá. The ice cave is about 100–150 meters deep and some 15–20 meters high, and its opening is one of the largest known for an ice cave.

[86] Tunnel Sheep

This family from Súgandafjörður was intent on finding out whether the grass was not greener at the other end of the tunnel in Ísafjörður. The trip was, however, called off after Morgunblaðið's photographer pointed out that in all likelihood the family would land on a car's grill while under way in the dark tunnel.

[5] DAILY LIFE

HISTORICAL

[87] Eruption in Vatnajökull Glacier

The eruption in Vatnajökull glacier has melted a fissure three and a half kilometers long in the ice over the southern part of the crevasse. Water gathers there, but less of it flows into the Grímsvötn lakes than before. Even so, the waters [of Grímsvötn] have risen, but yesterday it was not possible to make exact measurements. Earthquake measurements indicate that volcanic activity has somewhat dwindled on the whole, but the column of steam exuding from the glacier is similar to what it has been.

When the photographer and reporter of Morgunblaðið flew over the area yesterday morning they now and then saw tephra explosions, but they were small, and the black smoke quickly vanished into the white steam cloud that rose directly upwards. There were no signs of volcanic activity elsewhere.

[88] Njála Exhibition Opens Again

The tourist service project "Njáls saga and the Viking Age," which was launched last summer, consists of markers and information signs about the historic places of Njála, trips with guides around the region of Njála, and an extensive exhibition at the town of Hvolsvöllur. There, in pictorial manner, the visitor is presented to the subject of Njáls saga, its main characters, places, plot, spirit of the Viking time, weapons, clothes, housing, etc. Finally, one is given insight into the making of books and the literature of the epoch when Njáls saga was written, the preservation of Njála manuscripts, and its publishing history.

Sælubúið Travel Service, which runs the Saga Centre, operates the tourist information center Hlíðarendi on State Road 1 at Hvolsvöllur.

[89] Manuscript Exhibition Coming to an End

The festive exhibition of the Árni Magnússon Institute in Iceland will soon come to an end.

At the exhibition in Árnagarður on Suðurgata, people have a unique opportunity to see some of the most valuable gems of the nation, since among the exhibits are Konungsbók, with the Poetic Edda and the Prose Edda of Snorri Sturluson, Flateyjarbók, which is the largest of all Icelandic manuscripts, and Möðruvallabók, with eleven Sagas of the Icelanders, among them Egils saga, Njáls saga, and Laxdæla saga. Other exhibits are the manuscripts of the Book of Settlements, the Book of Icelanders, Grágás and Jónsbók, as well as the purchase deed for Reykjavík. Included in the admission is a well-made program about all the manuscripts.

[90] Viking Ornaments from Heathen Graves

With the heathen settlers of Iceland came the Nordic custom of laying corpses for their final rest in graves or mounds that were called kuml. With the deceased were laid funerary treasures, mostly weapons and ornaments, utilities and horses.

Around the middle of this century, Dr. Kristján Eldjárn started extensive research on pagan graves and gathered information about all such known places in the country. Kristján published the results of his research in his doctoral thesis in 1956, which turned a page in the history of Icelandic archaeology. The thesis, "Graves and Antiques from the Heathen Period in Iceland," was the beginning of modern archaeology in this country, the main part of the book being an all-inclusive list of heathen burial places that were known in 1956. At that time, 246 graves were known, and with each number there was a description of their locality and formation, as well as an analysis of the relics found in them.

[91] Film About Papar Given Prize in Ireland

A short film about the Papar, the Irish hermit monks said to have been in Iceland before its settlement, was given an Irish Arts Council Award last week. The film is named "Stranded" and was one of five films selected out of a total of ninety films. The script is by Brian FitzGibbon, an Irish author who lives in this country, and the film is based on his play The Papar, which was premiered by the Irish national theater, the Abbey Theatre, last summer.

[92] söguþráður

[93] Volcanic Eruption in the Westman Islands Commemorated

The inhabitants of the Westman Islands tomorrow commemorate the 25th anniversary of the beginning of the volcanic eruption on the outskirts of their town in 1973.

Guðjón Hjörleifsson, mayor of the Westman Islands, says the commemoration will be low-key, since the islanders probably will celebrate with greater gusto next summer when commemorating the end of the eruption. This is a sensitive watershed, he says. Many islanders fared ill during the eruption, and not all wounds have been healed.

Yet Guðjón says that luck was on the side of the islanders that fateful night, the weather was good and the entire fishing fleet in port, enabling the islanders to escape to the mainland safe and sound. He cannot help being grateful when thinking of those events. He is also thankful to the Icelanders in general for their friendly attitude and the splendid reception the islanders got on the mainland.

[94]
Birthplace of Leif the Lucky Rebuilt

A provisional plan for Eiríksstaðir in the Haukadalur valley has been worked out in connection with the reconstruction of the area for the festivities planned to be held in Dalabyggð in the year 2000, on the occasion of the 1000th anniversary of the discovery of Vínland. It has been decided to rebuild Eirík the Red's farmhouse, where Leif the Lucky was born. There are also plans to build a Heritage Centre at Búðardalur that, among other things, could house a fine Vínland exhibition.

"It would be our optimal situation if the centre could be inaugurated at the high point of the festivities in the year 2000, and we do hope that the President of the United States or some other high official could be present," says Sigurður Rúnar Friðjónsson, chairman of the district council of Dalabyggð.

FUN!

[95]
"Folly to Think It a Difficult Task"

"My God, are you asking how many ruffs I've sewn through the years? It's impossible to tell, but probably they run into hundreds—well, I don't know." The speaker is the seamstress Anna Kristmundsdóttir, who has been occupied with making ruffs in this country almost single-handedly since World War II. Anna is 89 years old and has for the past 37 years lived in Hvassaleiti. "I'm no older than that," she says, but the reporter finds it hard to believe her age, since she is very healthy and looking quite young.

"It's folly to think that sewing ruffs is a difficult task," Anna says when she next looks up from her work. "I use linen and sew together three strips, and the stitches come alternately. That's all there is to it. Then, when the material has been sewn, it is shirred." As a rule, it takes a day's work for Anna to finish one ruff. "I don't sew every day, but the ruffs sometimes last the whole lifetime of a clergyman, or at least several decades," Anna says, and continues ironing a ruff with a soldering iron on a specially made wooden form. When starching, she uses a fork and a pen made of bull's bones.

Four seamstresses have learned the art from Anna, and one of them will certainly take over, but Anna has no intention of stopping. "They will probably never be rid of me, those blessed clergymen."

[96]
All those who, with celebrations, telegrams, visits, phone calls, flowers and other gifts, showed me friendship on my hundredth birthday, 18th September, I thank with a touched heart. With good greetings to all of you and wishes for blessings in life and work.
Þórður of Hagi.

[97]
Frábært!

[98]
Glíma

The national sport of Iceland, *glíma*, has followed the nation as far back as history can tell, and has had both its ups and its downs, as is the way of the world. After some stagnation, glíma has been resurrected over the past decade. In a modern context, glíma is considered to have started with the first Icelandic Glíma Championship in Akureyri in 1906, which was the first wrestling contest with a specific challenge award. The award was the coveted Grettir's Belt, which is still being fought for today.

Glíma, a splendid sport of energy, technical skill, agility, and alertness, is one of a great number of national wrestlings that have been developed in many parts of the world. But there is a great difference between glíma and other kinds of wrestling, since here the man on the offensive is obliged to get rid of his opponent at the end of a wrestling move instead of driving him to the ground and following him in his fall, as is to be seen in most other kinds of wrestling.

CAPTION: The Wrestling King of Iceland in 1998, Ingibergur Sigurðsson, with Grettir's Belt, the oldest award in Icelandic sports.

CAPTION: Kristján Yngvason, from the Þingeyjar district, wrestles with his son, Ólafur, who carried the day, as can be seen.

[99]
Older than the Century

Jóna Sigríður Jónsdóttir celebrated her centenary yesterday, 21 August, at the nursing home Grund. Relatives of Jóna Sigríður celebrated with her yesterday in the Odd Fellows Lodge in Reykjavík. Jóna Sigríður has 11 children and 27 grandchildren, 57 great-grandchildren, and 18 great-great-grandchildren.

[100]
Daily Bread in Hafnarfjörður

Stefanía, two years old, is much nicer to the birds than the fellows now roaming around the mountains and wilderness with shotguns in hand. Let's hope that Stefanía's snow goose keeps to Hafnarfjörður, so it doesn't end up in the pot of some hunter.

[101]
Looky, a Patota Banquet!

Róbert waited in Steinahlíð "many hundred years" before being able to dig his potatoes. The other kids in the kindergarten were also highly excited since the crop, which some call "patota," is supposed to make you "bright in the brain." "You also get full," adds another, and the other kids find this awfully funny. So does this writer.

CAPTION: Gunnar and Örn didn't stay long in the garden.

A Small Christmas Decoration Attracts Great
[102]

"After being appealed to by one of my neighbors on the street—Snorri Sigurfinnsson, who, by the way, is the chief gardener of the town—I decided to slap this decoration onto my spruce in order not to be less of a man than the others in this street," said Jón Bjarnason, who lives at Baugstjörn in Selfoss, and his Christmas decoration has attracted great attention.

The decoration in question is a tiny white bulb on a 20-centimeter-high spruce. Even though the bulb is small and the spruce not tall, there are many who have stopped by Jón's house to look at the decoration, which certainly is different from others in the street.

When Jón had mounted his decoration, which he did the night after he received the chief gardener's letter, he at once received a second letter, this time praising him, and also detailing how Snorri had reacted to the decoration as he was driving his car along the street with his wife. When he sighted the small spruce and the bulb, he started laughing so uncontrollably that he almost drove into the next yard, but his wife managed to grab the wheel and avoid an accident. And of course the chief gardener gave Jón the highest mark for originality and speedy reaction to his appeal for decoration.

ANIMALS

Flat on a Stone
[103]

During the last few days, two seals, a mother with a pup, have made themselves at home on Pollurinn near Akureyri. Passersby have had fun observing them lying flat on this stone, which they frequently do.

Experienced Models
[104]

These heifers seemed quite experienced as models when they lined up sedately in front of the photographer as he was on his way by their meadow the other day.

Kalli the Rabbit Escapes
[105]

These lads were building a hut in Grafarvogur yesterday for a few rabbits they own. In the middle of their building activities one of the rabbits, named Kalli, escaped from them and went pursuing its own adventures. Kalli doesn't answer its name, so the boys had a lot of trouble catching it and getting it into its new living quarters.

Lifted for Flying
[106]

A fulmar nestling in Ásbyrgi failed in its flight when heading for the ocean. This kind-hearted man wanted to help it along, but we don't know whether his efforts bore fruit.

The ornithologist Arnór Sigfússon says that fulmar nestlings often get into trouble and are killed if they land in the Ásbyrgi forest, since they cannot take off from there. Elsewhere, they usually manage to take off again after some delay and a slimming diet. Arnór says there is no truth to the story that fulmar nestlings cannot fly unless they see the sea.

Neighbors Meet
[107]

Neighbors, one white, the other black, met the other day on a street corner in town. There is no report of what they were about, but, judging from the photo, they seem to have had good reason to stop at the corner.

Pups Flee the Skeiðará Debacle
[108]

Pups from the littering place of seals at the Skaftárós and Nýjaós estuaries and elsewhere in the same region seem to have fled the Skeiðará debacle and moved for a while further west on the sand. "We were travelling along the Skarð shore shortly after the glacial flood and then sighted pup imprints many places on the beach. One had even moved some 500 meters away from the sea," says Reynir Ragnarsson, policeman at Vík in Mýrdalur.

"We also found them further west, all the way to the Vík shore. The pups must simply have lost their bearings. Generally they don't enter the sea at that young age, and this isn't the area where they usually stay."

One of the pups was still on the beach when they arrived. "We took it along and it's now being fostered in my home and lives in a small garden pavilion. At first it hissed a little and snapped, but now it's become gentle and pursues the children around the lawn when let out. We've tried to put it into water, but it returns right away. I suppose we'll try to feed it until it's able to manage on its own," Reynir says.

New Home for the *Berlin Bear*
[109]

The *Berlin Bear*, a statue given by the citizens of Berlin to the citizens of Reykjavík some decades ago, has now been placed on the square at the intersection of Hellusund, Laufásvegur, and Þingholtsstræti, just below the German embassy. The *Berlin Bear* reminds us how great the distance is between the two capitals, the number of kilometers inscribed on its pedestal. The Bear is probably among the most widely travelled statues in Reykjavík. After the journey from its land of origin, it was installed in the Hljómskálagarður park, but moved from there and stood for a while at the corner of Sóleyjargata and Skothúsvegur. When the office of the President of Iceland was moved to the house on that corner, the Bear once more had to depart, but has now in all likelihood found a permanent dwelling.

mjá, mö, krunk!
[110]

With a Raven on His Bike
[111]

Ævar Vilberg Ævarsson in Þórshöfn does not always travel alone when moving around town on his bike. This friendly raven sitting on the handlebar of his bicycle is liable to get a ride, not least when Ævar is on his way down to the docks with his fishing rod.

[6] IN CONTACT

BELIEF

sjö-níu-þrettán

[113] A Night Troll Looks to the Mountains

If you look closely, petrified night trolls or night giants lurk many places out in nature. One of them is on the Vík mountain road in the West Skaftafell district, and it is obvious that it was heading for the mountains when the rays of the morning sun reached it, turning it into stone.

[114] The Trolls off Vík

According to a folktale, the Reynisdrangar rock pillars came into being when two trolls intended to pull a three-masted ship ashore, but, being a little tardy, they were caught by the daylight and turned into rock.

The pillars are 66 meters high and rise from the sea off Reynisfjall mountain, and are easily seen from Vík. Their names are Landdrangur (closest to land), then comes Langhamar (further away), then Skessudrangur (a little to the west), the lowest pillar being Steðji. A little south of the pillars is a skerry called Rettir, and, a bit to the west, another named Blásandi. Bird life is luxuriant on these rock pillars as well as on the south side of the Reynisfjall mountain. It is possible to look at the pillars at close range by getting a ride with the famous wheel-boats from Vík in Mýrdalur. You can also walk from Vík out beyond Reynisfjall mountain to Reynisfjara shore at low tide, when there is little surf on the beach.

[115] Fortuneteller of a Group of Friends

"Everybody wants to hear something nice," says Guðríður Haraldsdóttir, who reads tarot cards for the listeners of the radio station Aðalstöðin every Saturday. "The program is called 'The Witches' Corner' and it's very popular—the phone doesn't stop during the hour when calls are permitted."

Guðríður lays tarot cards during live broadcast and answers questions of the listeners, which mostly deal with what the future has in store. "I try to help people pulling themselves out of a rut, and prefer to emphasize the positive aspects of the cards—there's enough of the negative in the world. This is great fun for me, but I don't want to become famous as a fortuneteller; I'd rather consider the tarot reading to be a kind of party game in my program."

[116] First Woman Consecrated for Ecclesiastical Work

The deacon Guðrún Eggertsdóttir was consecrated in the Skálholt Cathedral last Sunday by the Reverend Suffragan Sigurður Sigurðarson. Guðrún is the first woman to be consecrated for ecclesiastical work in the Skálholt Cathedral, and the consecration last Sunday was the first of its kind at Skálholt in 400 years.

She has been employed to work in the Þorlákskirkja church, the Hospital of South Iceland, the NLHÍ Health and Rehabilitation Clinic in Hveragerði, and the Kumbaravogur Rest Home.

"I look forward to the work. It's a new job, which must be formed, and the people have to learn that I'm available," Guðrún said. She is at each place on certain days and attends to the psychological care of patients, relatives, and employees when needed. She also has hours of worship in the larger institutions, where emphasis is placed on prayer, silence, and meditation.

Carries the Name of the Virgin Mary [117]

The white wagtail is a common bird in Iceland and easily recognizable by its blue-grey, white, and black color and its long, agile tail. Þorvaldur Björnsson of the Icelandic Institute of Natural History said in an interview with Morgunblaðið that he had heard that the bird had received its Icelandic name from the Virgin Mary. The wagtail is nun-like in appearance, pure and fine, and has a beautiful facial expression.

Confirmation Approaches [118]

Preparations for confirmation are in many places at their height these days, when some 4,000 youngsters will be confirmed in the churches of the country this spring. Many things have to be attended to before confirmation takes place, and there is no denying that many homes are very busy. A fixed part of the preparations is for the youngsters to try on their gowns, as the youngsters in Grensás parish did yesterday. In the photo, Lillý Karlsdóttir assists Ingi Gunnar Ingason and Adrian Sabido. Altogether there are 4,053 children in the class that now is to be confirmed, and experience shows that about 95–97% of each class is confirmed. Besides this, 49 children will be confirmed in a civil ceremony.

The Cathedral Is 200 Years Old [119]

For exactly two hundred years, the Reykjavík Cathedral has been the annual scene of the most important religious rites of the nation. The first church was erected with insufficient means in the wake of the greatest disasters of Icelandic history, yet it was a symbol of the most radical revolution and progressive offensive. The church has been served by some of the foremost clerics of Iceland, and during the middle of this century two humorists, the Reverend Bjarni Jónsson and the organist Páll Ísólfsson, left deep footprints in Icelandic culture.

HELLO, HELLO!

Televised Two Nights a Week at First [120]

On Monday, thirty years will have passed since National Television began broadcasting. Pétur Guðfinnsson, who has worked as the director of television from the beginning says that much has changed since 1966.

"For the first months, television was on two nights a week, a few hours at a time, and originally the programs reached only to the area around Faxaflói, and only about 8,000 television sets were in the country," says Pétur.

On the first evening, programming began with an address by Vilhjálmur Þ. Gíslason, Icelandic National Radio's director general, then there was an interview with Bjarni Benediktsson, the prime minister, later a movie by Ósvaldur Knudsen was shown about Icelandic settlements in Greenland in earlier centuries. After this, Halldór Laxness read a chapter from *Paradise Reclaimed*, then the Savanna Trio sang several songs, and then an episode of the English adventure series *The Saint* was shown, and at the close was a news capsule of stories from the past week.

In Contact [121]

Much water has run to the sea since farmers rode to Reykjavík to protest the coming of telephones to Iceland in 1905. Now it seems that every other Icelander walks with a portable phone on their person. This young man is one of those who uses a mobile phone, and he was in mid-conversation by the Parliament House when Morgunblaðið's photographer caught him on film.

The Computer Made It All Possible [122]

Fanney Kristbjarnardóttir collected stamps as a child, and didn't begin again until after she had been to a showing with her husband, who collects Danish stamps. "I found the children's collections, which were built on definite themes, exciting," she says, "but otherwise I found the showing really dull." It was from this that Fanney began to consider if it were not possible to make stamp collecting more fun. She began setting together a collection of Icelandic women. First she collected all Icelandic stamps with women's pictures and put them in a folder with information about the women. Little by little various things have been added to the collection, such as letters to Halldóra Bjarnadóttir and Vigdís Finnbogadóttir.

She has also put together a smaller collection with stamps that feature, e.g., towns, boats, and flowers, and a collection of verses that contains, among other things, rooster, raven, dog, and pig.

No Foreigners on Icelandic Stamps [123]

The policy for the issuing of stamps since the beginning of the Republic has been to allow only Icelanders to decorate stamps where people are concerned. This policy was adopted to present Icelanders on Icelandic stamps as well as Icelandic culture, nature, and history. "That was the policy and it has been kept. If we begin to depart from it, it would be difficult to set parameters," said Gylfi Gunnarsson, head of Iceland Post's stamps and philately department. The Danish language expert, Rasmus Kristján Rask, is the only foreigner to appear on an Icelandic stamp since the Republic was founded.

Heavy Snowfall [124]

It's not always a children's game to be a mail carrier, as Ragnhildur Gunnarsdóttir came to know when she was delivering residents of Eyri their letters yesterday. "A huge snowstorm" was over Akureyri and terrible weather held until late in the day. Ragnhildur said that with such conditions it's always a danger that the letters get wet "since the drips from the sleeves roll down into the bags. It would have been better if I'd worn the snowsuit," said Ragnhildur.

hafðu samband [125]

With the President [126]

On account of the release of *Stafakarlarnir* [The Alphabet People] on multimedia disc, the President of Iceland received Bergljót Arnalds, the author of the work, at Bessastaðir.

"Bergljót presented the work for Ólafur Ragnar, and this is the first Icelandic book that comes to life with animation, music, and games," according to a publicity announcement.

PEN PALS

Hi, hi. [127]
My name is Ragnhildur and I live in Súðavík. I'd like girl pen pals aged 10 years and older, I myself am 10 years old. I'd prefer girls who are lively and fun and enjoy writing. My interests are: skiing, skating, penmanship, reading, math, and much more. Bye, bye.
Ragnhildur

Hi! [128]
I'm a 13-year-old girl and wish for pen pals of the ages 13-15. Boys, don't be shy to write. Interests: badminton, good music, discotheque, dances, nice boys, and motor scooters.
P.S. Enclose a picture with your first letter if possible.
Kristín Þ.
Garðabær

Wanted: [129]
Boy pen pal 11-12 years old.
My name is Davíð and I WANT a pen pal. My interests are: bicycling, computer games, and television. I'll answer all letters. Take up a pencil and write to:
Davíð
Reykjavík

STUDIES

About 4,000 Start Learning [130]

About 4,000 youngsters, 6 years old, are now taking their first steps on the road to education. Their minds are filled with expectations and eager anticipation. Now, for the first time in their lives, they have to leave home each day for school, where teachers are going to receive them and reveal to them the truth about studies and existence outside the protectorate of their parents.

These young citizens are faced with various dangers. The distance from home to school varies, and now it is necessary that others who have more experience with traffic problems show these young brethren and sisters consideration. They sense the danger differently than the grown-ups, do not realize it to the same extent as mature people. Therefore, it is never too thoroughly urged on those who are part of the traffic to drive carefully, especially in the vicinity of schools. The dark period is approaching and therefore utmost care should be taken in the traffic.

[131]
High, High to the Sky
Yesterday, older pupils of Reykjavík Junior College initiated the youngest pupils of the school, the so-called *busar*. The busar were fetched from their classrooms and flung aloft. This *busi* didn't seem to be scared of her skyward trip, since there were countless hands ready to grab her when she came down again.

[132]
One-Third of Inhabitants Attending Calligraphy Course
Adult Education of the West Fjords gave a course in calligraphy in this parish recently. Participation was very good, thirteen people, with women in the majority, ten in number, while there were three men. This is about one-third of the inhabitants living here during winter. The participants said that it had been both useful and great fun. At the end of the course, everyone received a certificate.

[133]
Students Don Their Caps
It is not only in spring that you may see crowds of youngsters in white caps streaming out of the secondary schools of the country. In recent days, newly graduated students in various parts of the country have been donning their white caps and celebrating an important stage in their studies. What will follow is not always clear, but certainly there are many and diverse dreams. Yesterday, students from Garðabær Senior High School graduated at a solemn ceremony in Vídalínskirkja church.

[134]
Gangi þér vel!

[135]
Yellow Creatures at Graduation
Students in funny costumes these days make their mark on midtown Reykjavík. Teaching is concluding in the schools and students of the upper class, "dimittera," say goodbye to the school before the final examinations begin. These young people from Sund College have dressed themselves in the garb of the good-tempered yellow creatures from the books about the Marsupilami, who hop on their tails and express themselves with the words "Houba! Houba!"

[136]
Oldest Pupil Is in Her Eighties
Members of the Federation of Borgarfjörður Women these days pursue computer studies with great zeal. According to its chairwoman, the federation contacted Adult Education of the West Fjords when the idea to hold this course came to life. Interest in the project proved to be widespread, and some thirty women are enrolled.

Elísabet Guðmundsdóttir, of Skiphyl in Mýrar, is the oldest pupil of the computer course, being 87 years old. When asked what had induced a woman of her age to start studying computers, she said, "I can only say that I wanted to attend this course. I have never learned anything except what little life has taught me. Occasionally I have been collecting various old things, but lately I've had difficulties writing it down. Besides, it's much easier to work at genealogy on the computer," Elísabet says.

She said that she had never touched a typewriter, although she has high hopes that the computer will stand her in good stead. She had been stiff at first, but now she has started writing and hopes the computer will be of use in the future.

"Not as Hard as It Seems" [137]
Among the 220 graduates who will graduate from the University of Iceland in the University Cinema today [25 October] is Einar Ágústsson, who will receive a BA degree in economics, a BS degree in business administration, and a BA degree in philosophy. On 17 June he received a BS degree in mathematics, a BS degree in computer science, and a BS degree in physics, thus receiving six academic degrees in one year. In an interview with Morgunblaðið, Einar said that his scholarly success is attributable to a variety of factors, naming work, organization, and study technique as the chief ones.

He said that perhaps university students were not sufficiently diligent in their studies, and he hoped his success would be an incentive to others to consider more earnestly what can be achieved when the will is there.

Einar landed in hardship last summer when he got lost in the jungles of Guatemala; he said that he had not suffered any mental damage on account of it, but that he had been very feeble physically. On the other hand, he is now in a better physical condition than before, and lately he has been learning diving in the Caribbean.

Never Before So Many Foreign Students [138]
Some 250 foreign students from about 40 countries now pursue their studies at the University of Iceland. According to Brynhildur Brynjólfsdóttir, head of the student registration office, there have never been so many. Last year there were a little over 200. These students come from many places, but mostly from the Nordic countries, Germany, and the United States, but there are also students from, for instance, Peru, Georgia, and Australia.

According to Brynhildur, the foreign students are enrolled in most of the faculties, but about 80 study Icelandic for Foreign Students. About 135 of the foreign students attend the University on their own or on scholarships from the Ministry of Education, but 115 are sponsored by the student exchange program of the Office of International Education.

According to Karítas Kvaran, assistant director of the OIE, there has been a growing number of foreign students sponsored by the OIE every year. The increase is mainly due to the fact that the university has offered ever more courses conducted in English.

[7] JOY OF CREATION

MUSIC

[139] Shady Owens and Hljómar, the most popular band of the 1960s, recently looked back to the good old days. At that time, the Beatles were conquering the world, as most people know. In those years Hljómar was winning out in the contest for the favor of young people in Iceland. On the scene with Shady are Rúnar Júlíusson, Engilbert Jensen, Erlingur Björnsson, and Gunnar Þórðarson.

[140]
Emilíana "Pop Freak" in the Summer
In about two weeks a CD will come out with songs from the play *The Bet*, which is now being performed at Loftkastalinn.

"I sing three songs," says Emilíana Torrini. "In fact I'm a bit envious not having made a disc and owned these songs myself. Some of the melodies are terrific." She adds with a smile, "I always become such a pop freak in the summer."

As a matter of fact, Emilíana is quite busy these days. She is moving to Kópavogur. "I'm finishing the paint job and tidying everything up. Everybody thinks I'm moving into a huge house because I'm so rich. That's not the way it is. But it is anyway a place to live in.

"My dream place is in the Mosfell Valley. There I should most of all want to live with pigs, cows, and horses," she says. "It would be nice to get away from the city noise and find some peace."

[141]
Happy on Behalf of Grandmother
Björk Guðmundsdóttir receives the Nordic Council's Music Prize for 1997, which will be handed over in Oslo on 3 March. According to the jury that chose Björk, she was selected because she had developed her own style and had always been faithful to her ideals, managing to develop her art for many years with "maximal passion," and because her popularity all over the world is due to her great musical talent. In an interview with Morgunblaðið, Björk said that she has little to say about the award except that she is quite happy. "The handing over will take place on my grandmother's birthday, and we have been considering going together to receive the prize," she says. "I didn't know what kind of prize this was until Sjón phoned me and gave a long speech about it and how important it was. I am such a punk and inoculated against prizes; as a rule I don't take such things seriously. I am first and foremost happy on behalf of grandmother. I hope I don't sound ungrateful, but I am always on the defensive when I am given a prize, think that people should not get prizes until they have grown tired and old and when they have done all they could do, have been squeezed empty, and I am just beginning," said Björk Guðmundsdóttir.

Invited to Japan with her Violin [142]
A ten-year-old girl from Njarðvík, Erla Brynjólfsdóttir, who studies music at the Suzuki School in Reykjavík, has been invited to Japan. There she will be one of sixteen children from Europe who have been chosen to play music in connection with the Winter Olympic Games that take place in the town of Nagano next February.

Despite her young age, Erla has attracted attention for her ability, and last spring she played solo with the Iceland Symphony Orchestra, then only nine years old. Morgunblaðið said in a review of her performance: "She played with assurance, her playing being pure and endowed with considerable dignity."

æfingin skapar meistarinn [143]

[144] The Reykjavík Trio gives a concert in Hafnarborg next Saturday evening with Sigrún Hjálmtýsdóttir. At a rehearsal during the week the trio had two guests, Melkorka, Sigrún's daughter, acting as the audience.

24-Hour Ordeal [145]
The opera singer Kristján Jóhannsson and the Motet Choir of the Hallgrímskirkja church didn't give up last Sunday when it looked as if two concerts would have to be postponed owing to bad flying conditions. Kristján and the choir didn't refrain from driving in a bus to Akureyri, giving two concerts and then driving back in one push. The whole journey with the stay at Akureyri took close to twenty-four hours.

"This was a great adventure and I'm very grateful to the choir for facing the situation in such an interesting way," said Kristján in an interview with Morgunblaðið. "The choir used the time in the bus for warming up and there was a kind of hilarious mood about the whole affair. After the first concert we took time to get a cup of coffee before we threw ourselves into the second concert. It was over by half past twelve, and then we jumped straight into the bus and drove south. We didn't return until seven o'clock the following morning, and some members of the choir had to go straight to work, onto house roofs and into classrooms. I know that all the inhabitants of Akureyri are extremely thankful for the hardships the choir went through to make this come true," said Kristján.

Ahead are two concerts for Kristján at Hallgrímskirkja. As is well known, all the tickets to the first concert were sold out, so a second concert was added to accommodate the many people who thirst to hear Kristján sing. "After that we intend to enjoy a marvellous Christmas in the embrace of our family here in Iceland."

ARTS

The Occult in Kjarval's Works [146]
An exhibition of Kjarval's works, owned by the Reykjavík Municipal Art Museum, will be opened in the eastern hall of Kjarvalsstaðir today. The works give insight into the artist's varied stylistic approaches,

stressing the landscapes, portraits, and works with the occult subject matter that charmed Kjarval.

Annually, there are at least two exhibitions of Kjarval's works at Kjarvalsstaðir, where attempts are made to present the works of the artist, with a different emphasis each time.

[147] ***betra er berfættum en bókarlausum að vera***

[148]
The Song of Helgi Þorgils
The Art Collection and Society of Friends of the Arts of Hallgrímskirkja church have invited Helgi Þorgils Friðjónsson to exhibit his works in the church over Christmas, and the exhibition will be opened tomorrow, the first Sunday of Advent. The exhibition will include the painting *The Holy Family*, consciously chosen with place and time in mind, and the large painting *Song of the Earth—Choir of the Universe*, a three-meter-long canvas he painted in 1994, which is an ode to the environment. It is a kind of alternate song between Icelandic nature and the angelic choir of heaven. "Heaven is like a hymn to which we look in prayer," Helgi Þorgils was quoted saying many years ago.

[149]
"Chance Can Do Much Better"
Davíð Þorsteinsson is a physics teacher at Reykjavík Junior College. He is also a photographer and was, so the story goes, one of the country's most efficient amateur photographers when he was at his most productive, taking two films a week. "That produced perhaps three good pictures a year," says Davíð, who took most of his pictures on a small 35-millimeter camera. "In order to get good pictures you have to be productive, act like a lion pursuing prey, for otherwise you get nothing.

Mokka was long my main and favorite café, and I showed [my work] there four times. I was there to get a cup of coffee when I saw the old lady painting her lips. I got two or three shots without her noticing me. This picture could be arranged, but it isn't."

New Books

[150]
The Making of a Woman
[A book] about Ragnheiður's novels for adults by Dagný Kristjánsdóttir has been published.

Ragnheiður Jónsdóttir (1895–1967) wrote nine novels for adults in the years 1941–1967. They deal with women's inner and outer conflicts at a period of great changes in the nation's history.

In her book, Dagný Kristjánsdóttir discusses those novels in light of new theories about literature, psychoanalysis, and feminism. Dagný also addresses the response to Ragnheiður's novels and the cultural debate of the postwar years.

The Making of a Woman is the first doctoral thesis to be written about Icelandic feminist literature. "This is a well-written and exciting book for everyone interested in literature," says the presentation.

The book *The Making of a Woman* was nominated in the category of non-fiction works for the Icelandic Literary Prize 1996.

15 Thousand for *Pearls and Pigs* [151]
Visitor number 15,000 to attend the movie pearl *Pearls and Pigs* was honored with flowers and cakes last Thursday. According to Breki Karlsson, promotion manager of the movie, its reception has been beyond his brightest expectations. "It's heading to be the biggest Icelandic movie since *Devil's Island* was shown," he says. "It's a long time since an Icelandic movie has had such a wide audience, and it's noteworthy that it arouses laughter among teenagers as well as among older generations."

The Wood Mouse Premieres in the US [152]
Þorfinnur Guðnason's film *The Wood Mouse* premiered on the US cable-TV station TBS Superstation this past 27 December. The station reaches some 65 million homes in the US and Canada, so one can estimate that a considerable number of people have seen the Icelandic mouse.

According to Þorfinnur, the premiere of *The Wood Mouse* in Europe was presented in the usual way, but when it was repeated the following day, word went around that Hollywood producers might have to start watching out [for Þorfinnur]. "I've not yet formally distributed the film, because it has advertised itself."

Cold Fever by Friðrik Þór Nominated [153]
The movie *Cold Fever* by Friðrik Þór Friðriksson is one of ten movies that have been nominated for the Felix Award for Europe's best movie in 1996.

Friðrik says the fight for the prize will be a hard one, since among the movies competing are *Trainspotting*, by Danny Boyle, *Secrets and Lies*, by Mike Leigh, which got the Golden Palm at Cannes, and *Breaking the Waves*, by Lars von Trier. "These are great sharks and there is little hope. We are highly satisfied with having been included in the group of those ten movies, and it's a great victory for our film.

"The Italian director Ettore Scola is chairman of the jury, and he's a great friend of mine, so if the movie enters the finals it will be through my connections," Friðrik Þór said.

WANT TO DANCE?

National Costumes and Fancy Dresses on a Spring Day [154]
Spring is the time for exams, and before students get slapped with them in full force they are given opportunities to have a little fun. The graduates from the Reykjavík Junior College [MR] and the third class of the The Girls' School in Reykjavík [Kvennó] had some real fun yesterday. The MR students wore various costumes and brilliant fancy dresses as they honored, among others, their teachers, while Kvennó students dressed in traditional women's costumes and similar attire and danced on the Ingólfstorg square.

[155] Line Dance in Hagkaup

Cowboy music resounds out of Hagkaup in Kringlan in the morning, when people come early to work and dance several variations of cowboy dances, so-called line dances, before the shops open at 10 o'clock.

Harpa Guðmundsdóttir, deputy manager of Hagkaup's specialty shop, says the response has been good. "Everybody has fun starting the day in this manner, the dance entertains us a lot and we are better equipped to deal with the chores of the day."

[156] 14th Place at a Dance Tournament

Ísak Halldórsson and Halldóra Reynisdóttir managed to reach 14th place in the German Open Championships, held annually in Germany. This year the tournament was held in Mannheim, 19–23 August.

In the 8-dance tournament, 122 couples were entered, and Ísak and Halldóra reached 14th place. In Latin dances there were 140 couples, but there they landed in 32nd place. In standard dances there were 131 couples entered, and they landed in 30th place.

Ísak and Halldóra are both 14 years old and multiple Iceland champions. A jury of nine judged the competition. First places in the teenage group were taken by couples from Russia, Slovenia, Lithuania, and Ukraine.

[157] Ballet Dancers of the Future

The Christmas performance of the Ballet School of Akureyri was given in the Sports Center the other day with 40 pupils participating. Girls of various ages and one boy showed their parents and other relatives what they had learned in the school during the preceding season and there were many lively and brilliant touches. Here was to be seen the material of the future, and if the prognosis is correct, there will be no shortage of presentable dancers in the municipality, even though more boys ought certainly to practice this art form.

[158] Everyone Dances Conga

There is always action and vitality in the kindergarten Gerðuvellir in Hafnarfjörður, and there the children were dancing the conga as the photographer snapped the picture.

[159] *hoppa af kæti*

[160] "Full House and Excellent Mood"

A breakdance competition was organized in Broadway last Thursday, and there was a full house of interested lovers of dance and music.

"This competition was conceived as a presentation and enhancement of breakdance in Iceland. We are starting again and there is tremendous interest in this. We allowed spectators to enter the dance floor in one of the jury intermissions. Suddenly there was a big crowd of people on the floor playing at breaking. There's no question that the interest is there. This was quite marvellous and was well worth attending," said Haukur Agnarsson of the Icelandic Break Dance Association.

[8] SPORTS

TOURNAMENTS, RECORDS, AND CHAMPIONS

"I Have a Dream" [161]

"It's always fun to come home to mother for a bite—it's just a pity how short my stay is this time, only three days," said Guðrún Arnardóttir, the runner from Ármann who was a fourfold champion at the National Championships. She easily won the 100m sprint and the 100m hurdles, where she broke a record despite considerable head wind, running 13.94 seconds, which improved the former record by 26/100 of a second. Her superiority was no less evident in the 400m sprint. Then Guðrún sealed Ármann's victory in the 4x100m relay, where she ran as the anchor. On the other hand, she could not take part in her favorite sport, the 400m hurdles, because she left for the United States on Sunday morning to put the finishing stroke on her preparations for the World Championships in Athens with her trainer, Norbert Elliott. The hurdles took place on Sunday.

Guðrún's participation in the Championships was the final competition of a series of meets in which she has been engaged over the past weeks in Europe, and the results have been good. "It was mainly at the tournament in Nice that I didn't quite get into shape, but the others have been good," Guðrún said. "I'm in good condition and feel fine, something similar to this time last year when the Olympics were ahead.

"I have a dream concerning the World Championships, but I'm not ready to reveal it. I'll tell about it after the tournament, however it turns out." In order to enter the finals, she expects to have to run in 54.5 seconds. "My disposition is good, I have self-confidence, I've trained well, and when the technical problems have been solved, I am optimistic."

I Enjoy the Moment [162]

Kristinn Björnsson from Ólafsfjörður gained second place in slalom Saturday evening at the first World Cup race of this winter in the United States, and his achievement has attracted great attention in foreign mass media. This is the very best achievement of an Icelandic skier and among the most splendid achievements in the athletic history of Iceland.

All the best slalom skiers of the world were gathered in Park City, Utah, and Kristinn played a trick on all of them except the Austrian Thomas Stangassinger, who won.

Kristinn started skiing at an early age. He has frequently triumphed, but second place last weekend is his greatest victory to date. In spite of his magnificent accomplishment, Kristinn is down-to-earth. "This result in Park City gives me nothing for the next tournament," he said. "I only try to enjoy the moment as long as it lasts, and then the next task takes over. I always try to do my best."

CAPTION: Kristinn on a prize platform after his victory in slalom and giant slalom at the Donald Duck Ski Festival in 1981, then eight years old, and to the left, recently at a tournament in Iceland.

Can Jump Even Higher

[163]

"I'm in good training and jumped better today than last weekend," said Vala Flosadóttir, the European champion in women's pole vault, after she had jumped over 4.15 meters at a tournament in Malmö, Sweden, last Sunday. She was very close to bettering the Icelandic and Nordic record [which is 4.20m], but was perhaps saving her energy for the ÍR tournament in the Laugardalur indoor stadium next Saturday, where she is almost obliged to break the record!

31 January 1998
Vala Sets a Nordic Record

[164]

Vala Flosadóttir broke the Nordic record in women's pole vault when she jumped over 4.26 meters at an international tournament in Gothenburg yesterday. Her former Nordic record was 4.20m.

Vala then had the bar raised to 4.36m, a height over which no woman had jumped last year, and just failed to clear the bar.

4 February 1998
Vala Sets a European Record

[165]

Vala Flosadóttir of ÍR jumped over 4.35 meters in pole vault at an athletic tournament in Germany last evening. She was the first woman at the tournament to accomplish this, and thus bettered the European record, which was 4.33 meters. She did not jump higher, but Daniela Bartova from the Czech Republic equalled Vala's European record in her next attempt and then bettered the world record by jumping over 4.41m.

6 February 1998
Vala Sets a World Record

[166]

Vala Flosadóttir broke the world record in indoor pole vault by jumping over 4.42 meters at an athletic tournament in Bielefeld, Germany, last Friday. There she bettered the two-day-old record of Daniela Bartova from the Czech Republic by one centimeter.

David Fells Goliath

[167]

Top drivers of past years gasped for breath as one accident after another occurred in their obstacle driving at Egilsstaðir. Meanwhile, young and growing drivers took off and often drove splendidly in the amusing trials of the competition. Yet no one flew better than Pétur S. Pétursson in his Fly, which was in the group of specially equipped jeeps. He won his first victory in obstacle driving in a jeep that is many times cheaper than those that had been fighting for victory until now. It may be said that David felled Goliath in both categories of the competition, since in the group of street jeeps Hallgrímur Ævarsson from Akureyri also won his first victory.

EXERCISE

Gymnastics at the Height of 413.6 Meters

[168]

Kristján Sævarsson, painter and Icelandic champion in pairs competition in aerobics, devoted his lunch hour to exercises when he worked at painting the long-wave broadcasting mast at Gufuskálar.

The mast is 412 meters high and Kristján's jump has been measured 1.6 meters. In the photo he is therefore at a height of approximately 413.6 meters.

Kristján, who is here seen in a spike jump, says he didn't have any feeling for the height. He could just as well have been down on earth. On the other hand, it is likely that many people will grow giddy just by looking at this photo of Kristján, where he seems to float in the air above the Snæfellsnes peninsula.

Great Fun to Defeat the Boys

[169]

Ingibjörg Guðmundsdóttir is one of the few girls who practice the sport of judo in this country. She is 12 years old and competes for Ármann, and was in the A-team at the tournament in Austurberg last weekend. The girls had great difficulty with Ingibjörg, who is quite a strong judoka; she won once, made two draws, and lost twice. "It's great fun to defeat the boys, really jolly. It's also much more interesting to compete with them, because the girls are more bashful and don't attack as vigorously," said Ingibjörg. But how did it occur to her to start practicing judo? "I don't know. One day Mom suddenly came and asked if I didn't want to start practicing judo," she said.

She says she wasn't in the least surprised to see only boys at the first exercise. "I had expected there would mostly be only boys. I gather that everybody thinks judo is just a sport for boys. That's why so few girls are practicing," Ingibjörg said.

Ice Fishing Competition at Reynisvatn

[170]

Páll Óskarsson didn't fret in the cold yesterday when he took part in a competition at Lake Reynisvatn of the Icelandic Ice Fishing Association. This is the sixth consecutive year of the competition and there were 59 participants, aged 5 to 79.

Björn Sigurðsson, chairman and one of the founders of the Ice Fishing Association, said the catch had been good. There were perhaps 10 minutes until the first fish was landed. "The area is divided into five sections where holes have been made in the ice. Then the competitors get one hour in each section," he said. "We give prizes for the first, biggest and smallest fish, as well as for the largest catch, and the one who catches most, that is, most kilograms, is national champion."

Björn, who comes from Akureyri, says that people from many places around the country have attended the competition, since this is an ideal family sport. The holes in the ice are so small that children can without worry be allowed to participate.

315-Year-Old Antique Team

[171]

Rumor had it that several older men belonging to the "antique team" were practicing badminton in the TBR Hall at Gnoðarvogur and that it would be worthwhile to visit them. That was done, but when this reporter asked for "several older men," a stately badminton player responded, saying that there were not "several older men," but two old men and two kids.

Further inquiry revealed that the player in question was Karl

Maack, who belonged to the team and who explained that the old men were 80 and 84 years old, but "the kids only 74 and 77 years old," laughing heartily. The outcome was that they agreed to a brief interview, but in that case the reporter had to show up half an hour before their reserved time on the field, and later the reason came to light.

The four men in question are Einar Jónsson, 84, Karl Maack, 80, Haukur Gunnarsson, 77, and Högni Ísleifsson, 74, all of them fit and flashy in their badminton outfits. We sat down for a chat and they talked away with lively fits of laughter sandwiched between good-humored banter and jokes about one another.

The companions have played together for a number of years and always enjoyed it, and they all agree that age does not matter if you take care of your health. This is proved by the fact that their collective age is three centuries plus fifteen years. "There are brawls and we are not always in agreement. We quarrel and argue whenever necessary or when the occasion offers itself. Since Einar is our senior, we often let him decide or at least let him believe he's in charge, but we don't always listen to him," they said, almost in unison. Einar tried to defend himself. He was the first national champion in badminton, winning the title in 1949 at the age of 36. After that he was champion in all doubles competitions until he was fifty. He was also the first chairman of TBR, and for a long time he was chief referee at badminton tournaments.

At this point, the old men had started moving about restlessly in their seats and the interview was coming to an end, the reason being that it was their turn on the court. It was no less interesting watching them play than listening to their chatting. There was a lot of zeal, both praise and scolding, while such classic exclamations as "Swine!" and "Ah, well done!" could be heard when fitting.

CAPTION: The warlike Antique Team, from left: Haukur Gunnarsson, Karl Maack, Einar Jónsson, and Högni Ísleifsson.

[172] *í besta skapi*

[173]
Winter Play
One can play soccer all the year round according to this picture. At least the snowfall doesn't seem to preclude the enthusiasm of these youngsters who were playing soccer on the pond Tjörnin yesterday afternoon. There has been a lot of snowfall in the Reykjavík area lately, and it's not at all certain that everybody is as happy about the snow as these boys.

ARE THEY CATCHING 'IM?

[174]
Caught a Giant Salmon in Laxá
Ína Gissurardóttir caught a 22-pound salmon at Presthylur in the river Laxá a few days ago, the biggest salmon caught by a woman of which Morgunblaðið has had news during the fishing season now coming to an end. "I was in a boat at Presthylur with my husband, Halldór Skaftason, and had just caught a 10-pound salmon. We were speculating whether we needed to row ashore and land him, but decided to take him out in the river. It was great fun, for he jumped like mad all around the boat.

"Then the big one came and there was no question we were both in agreement that we had to go ashore. It took almost an hour and I could hardly deal with him, the salmon either lying still or taking out as much of the line as he pleased, and then there was a lot of algae on the line, so I fully expected that he might come loose. But this worked out and it was amusing, for we had just before lost another one in Grástraumur that was probably even bigger," Ína said in a conversation with the paper. The salmon, which weighed 22 pounds and is a male, was caught with a maggot.

Will the salmon be mounted?

"No, for heaven's sake. I won't mount anything smaller than 30 pounds. This fish is being smoked."

aflakló [175]

Got a 28-Pound Fish in Vitaðsgjafi [176]
Jumped into Laxá in pursuit of the big salmon
Pétur Steingrímsson in Laxárnes last Sunday caught a 28-pound salmon in the river Laxá in Aðaldalur. Pétur caught the salmon in Vitaðsgjafi, but the day before he caught a 22-pound salmon in Skriðuflúð.

In an interview with Morgunblaðið, Pétur said the salmon had been hard to deal with. "He took the bait 4–5 meters from the shore. After I'd wrestled with him for a long time, the line gave out. By then the salmon was so exhausted that I had time to grab the pocket net from my wife, Anna María, who was standing on the bank, and then jumped after him into the river and managed to get him," said Pétur in Laxárnes.

Pétur ties all his flies himself. The big salmon took a fly that Pétur tied as a tube and which is named Bill Young, after one of his friends. The salmon Pétur caught in Skriðuflúð was taken with a new fly, which he named Wendy, in honor of Bill Young's wife.

Hjördís Perla Rafnsdóttir, 10 years old, caught her first salmon on the Mountain in the river Langá a short while ago, a 5.5-pound male. [177]

Jón B. Þórðarson, 3 years old, with his catch from Elliðaár. [178]

Kristín Ásgeirsdóttir with a beautiful river trout from Elliðaár. [179]

Hilmar Magnússon, to the far right, and his family, with 40 salmon that the group recently caught in two days in the middle sections of the river Langá. [180]

Spirited fishermen a few days ago with their nice catch from the river Ytri-Rangá, where the catch has gotten much better. [181]

[9] HOLIDAYS

CHRISTMAS IS COMING

[182]   The Christmas Haircut

The dog Caesar, a two-year-old English hunting dog, got his annual Christmas haircut yesterday. His whole pelt was spruced up with electric shears in a special beauty parlor for dogs. After the haircut, Caesar was given his Christmas bath, which he didn't mind at all. Caesar reminds us that time is running short for our own Christmas haircuts.

[183]   Much Ado in Post Offices

There has been plenty of activity in post offices around the country this December, since many people have to get their letters and parcels to relatives around Iceland or in foreign lands. There is no formal deadline for Christmas mail inside the country, but letters to the Nordic countries have to be delivered before 18 December, and today, Friday, is the deadline for letters to other countries in Europe. Hopefully, all parcels have already been sent.

[184]   *Gleðileg jól*

[185]   Christmas Feast for Foreigners

On Christmas Day, Hotel Ísland will organize a Christmas feast for foreigners who will be here over the festive season. Those foreigners who are staying in the hotels of the city over Christmas will be among those gathered, altogether some 300 people. Other foreigners, as well as Icelanders, are welcome to the feast, according to a news release from Hotel Ísland.

There will be a Christmas buffet, Söngsystur will entertain, and Ómar Ragnarsson will appear, accompanied by Haukur Heiðar. There will also be dancing around the Christmas tree.

[186]   The First to Reach Inhabited Areas

The first of the Christmas elves reached the inhabited areas last night and travelled far and wide, since there were shoes in many windows.

Over the next twelve days his brothers are expected, and they will probably also put something in shoes here and there, provided the children have been obedient and good. Travelling conditions for the sleds are not the very best, and certainly the brothers would prefer more snow to make the going smoother.

[187]   Christmas Star for Every Home

About 50,000 poinsettias will delight the eyes of Icelanders this midwinter, as they have in previous years. The production is tantamount to one poinsettia for every home in Iceland.

Among the biggest producers of poinsettias is Sigurður Þráinsson in Hveragerði, in whose nursery some 8,000 poinsettias are cultivated. Sigurður says that the poinsettia is a midwinter plant originating in Mexico. On the other hand, Icelandic gardeners import rooted cuttings from Europe in late July and early August, and in the autumn, when the plants are grown, their environment is darkened until the higher leaves of the plants have developed a red color. Then they are cultivated into midwinter until they are fully grown, but many farmers use lighting in their greenhouses until the plants are marketed.

The Oslo Christmas Tree Lit   [188]

Once again the inhabitants of Oslo have sent the people of Reykjavík a Christmas tree, which has its customary location on Austurvöllur square. Last Sunday the tree was lit with a traditional ceremony in very good weather and with a large crowd of people of all ages. In addition to addresses and Christmas music, the Christmas elves entertained the gathering with their antics.

Christmas Elves Donate Blood   [189]

Four of the thirteen Christmas elves briefly came to the city yesterday, the occasion being urgent enough to make them come a little earlier to the inhabited areas than might be expected, which is the need of the Blood Bank for more donors. Sveinn Guðmundsson, head physician of the Blood Bank, says that in December there is danger that the Christmas rush causes people to forget blood donations.

"The Christmas elves arrived before schedule in order to have some fun before the hard work ahead, and even if they have passed the age limit, being somewhere between 200 and 300 years old and not 18 to 60 years old, as the regulations lay down, we are going to take their blood. Only in this single instance do we bend the rules, since the elves are both ruddy of face and happy looking," Sveinn says.

WINTER FESTIVALS

"Let's Look Clever"   [190]

The Icelandic Association of the Blind and Partly Sighted has given every twelve-year-old child in the country protective glasses and wants this initiative to urge everybody who uses fireworks to show utmost caution at New Year's, among other things by using protective glasses. The heading of this effort is "Let's look clever with glasses at the New Year."

CAPTION: Geiri Bang, highly explosion prone, with a group of merry children who received protective glasses from the IABPS before kicking off the pre-fireworks activities.

Late Celebration of Twelfth Night   [191]

The inhabitants of Akureyri flocked to the delayed celebration of Twelfth Night organized by the sports club Þór on its premises at Hamar last Friday evening. Children and teenagers were in the majority and greeted the elf king and queen, imps, and ogres, and other strange beings, and there were also several Christmas elves on the premises.

The athletic elf Magnús Scheving entertained the children and persuaded them to join him in a few light exercises. Friðrik Hjörleifsson from Dalvík sang and so did the church choir of Glerárkirkja. As usual, a bonfire was lit, and in conclusion a splendid fireworks show was offered.

Twice the Twelfth Night celebration had to be postponed due to mud in the area, but last Friday conditions were ideal and the visitors had great fun even though Þorri, the fourth month of winter, had begun.

The sisters María and Halldóra were in the group, and here they greet two of the ogres, who do look rather friendly.

[192] ### Ash Wednesday Merriment Around the Country
On Ash Wednesday one gets out of bed early in the morning, the children put on their costumes of various kinds and leave home for the often chilly early morning outside. They walk in formation between shops and companies, sing in pitched voices, and are more often than not rewarded with bags of delicacies. Emphasis is laid on going to as many places as possible and collecting as much as they can, and for this reason it even happens that the children don't give themselves time to beat the cat out of the barrel. Nowadays, mothers often accompany their children as drivers, for in that way one covers more ground. At noon the groups return home with their bags, and now they need the whole floor of the sitting room to divide the gains of the day, which for many is the high point.

[193] **In many places torches burned brightly and fireworks were shot aloft when young and old said farewell to the old year and greeted the new.**

[194] ### *Farsælt nýtt ár*

[195] ### Crowds in the City Center
There was a crush in downtown Reykjavík on the evening of 23 December, since the weather was extremely fine and shops were open until 11 o'clock. For a while, Laugavegur and Bankastræti were closed to car traffic, and the crowd was almost as dense as on National Day. Those who were not doing their final shopping before Christmas were mainly showing themselves and seeing others and observing the mood of the evening. Here and there you could see and hear various groups performing Christmas music.

[196] ### Buses Free of Charge Today
The buses of Reykjavík will be free of charge from noon today, St. Þorlákur's Day.

The Reykjavík Bus Company has circulated an announcement encouraging citizens to utilize the service on this busiest shopping day of the year. In this way, heavy traffic can be alleviated, and pollution and parking problems diminished, both in the old center and in other shopping areas.

Polls have shown that 25–30% of the inhabitants of Reykjavík use buses once a week or more often.

SUMMER FESTIVALS

Bicycle Day in Reykjavík [197]
Today the national organization Sports for All is initiating a Bicycle Day for the whole family. On Bicycle Day people are encouraged to utilize the cycling paths and walkways of the city. A ring of paths some 20 kilometers long is being offered and those who cycle the ring get a reward.

The ring runs from Tjörnin to a water station in the Elliðaár valley, and back to the pond. It does not matter in what direction people cycle or where they start, as there will be no group start, and people can begin whenever they wish between 11 a.m. and 2 p.m.

Rich Life in the Westmans [198]
Apart from the great nature of the Westman Islands, traditions and customs of the islanders are not less interesting for a visitor, as various unofficial and unusual rules are valid there. For example, puffin is not hunted on Sundays, the summer is divided "before and after the National Feast," and a powerful tricksters' club is operated. It is said that the national sport of the islanders is "cliff climbing," and although the Westmaners are not a nation in actuality, it may be said that they look upon themselves as such; they have their own national characteristics, national sport, and national holiday. In the Westmans children learn to jump soon after they have started to stand on their own feet and later they learn to climb the cliffs with ropes and gather eggs.

sleikja sólskinið [199]

Foreigners Have Never Been More Numerous [200]
The Reykjavík Marathon will be held for the fourteenth time on the streets of the capital today, and Ágúst Þorsteinsson, race director of the marathon, says he is expecting some 3,500 to 4,000 participants, among them some 350 foreigners, who have never been more numerous.

"At most there have been about 3,700 participants, and as a rule more than half have taken part in the Fun Run. So far registration has been fair, but the weather forecast for the weekend is good, and therefore the registration may be expected to accelerate," Ágúst said in an interview with Morgunblaðið.

As in previous years, the competition will be in four categories: marathon, which is 42.2 kilometers; half marathon, which is 21.1 kilometers; a 10-kilometer race; and the Fun Run, which is 3 kilometers.
CAPTION: In past years, participants in the Reykjavík Marathon have numbered three and a half thousand, and there's a lot of hullabaloo when the crowd sets out from Lækjargata.

Huge Crowd on Longest Day [201]
The summer solstice was last Saturday, when the sun's course is the longest of the year. Some people may shudder at the thought that the days again start growing shorter now that the summer seems just about to begin. But a huge crowd of young people who gathered in the city

center early Sunday morning after bars and restaurants had been closed seemed not to be concerned with that fact. And it was indeed like in the middle of the day when Morgunblaðið's photographer looked at the crowd at 3:30 in the morning and caught the moment with his camera.

[202] Golden Plover Arrives

The golden plover has arrived in Iceland. Bird watchers saw two golden plovers in Kópavogur yesterday. Hopefully the golden plover has come to sing away the snow, which comes and goes from day to day. The arrival of the golden plover has long warmed the hearts of the Icelanders after long and severe winters.

[203] Sand and Stones in a New Summer

The coming of summer is formally certified by the calendar, and Harpa has also arrived, the first month of summer according to the old Icelandic chronology. The boy who this photographer came across, however, was sensibly dressed when account is taken of the unpredictable weather, and he was content counting the grains of sand and the stones. Perhaps he was calculating in his mind how long a time would pass until the summer really appears with its sunshine and warmth.

[204] Peace and Tranquillity in Lovely Weather

"Altogether, this went quite well," says Haukur Ásmundsson, chief inspector of the Reykjavík Police, about the festivities in the city on 17 June. Nearly 30,000 people took part in parades and other program events during the day, and in the evening some 12,000 people went down to the city center to follow the programs on the two main squares, Ingólfstorg and Lækjartorg.

[10] RRR

ROUNDUPS

[205] Dressed Carcass Weight of Lambs Down

Álfhildur Ólafsdóttir of The Icelandic Agricultural Information Service says there are various indications that the dressed carcass weight of lambs will be slightly less than last autumn. Last year it was barely 15 kilograms, which is above the average of past years.

The slaughtering of sheep is in full swing, but there was also considerable slaughtering over the summer. Álfhildur said she did not have comprehensive information about dressed carcass weight, and it must be kept in mind that many farms had not started their slaughtering. On the other hand, there were some indications that the weight in southern Iceland was slightly less than last year. But from northern Iceland there was news to the effect that the weight was not at all less than last year. The spring had been cold, and therefore the rate of growth had been slower than usual.

CAPTION: The farmers from the districts Land and Holt have been rounding up their sheep since Saturday and today celebrate their roundup at Áfangagil near Landmannaleið. The picture was taken at Jökulgil in Landmannalaugar.

Sheep Roundups Starting All over the Country [206]

On upcoming weekends there will be sheep roundups around the country, and indeed, roundups have already started in some places and will continue to the end of this month. Late roundups stretch into next month. Last Sunday there was a roundup at Hlíðarétt in the Mývatn district, where large crowds of people and creatures were gathered and the sheep were divided between the pens.

Gathering Sheep on an Autumn Day [207]

Flateyri has of late taken on a wintry appearance after getting through the recent northeastern storms. The mountains have dressed in white cloaks and the meadows are no longer green. Therefore, this reporter was more than a little surprised when he met a handsome flock of sheep on his way. On closer examination he found out that the sheep were being gathered from the coast of the fjord to be housed for the winter. For the roundup, Gunnlaugur Finnsson, farmer from Hvilft and former Member of Parliament, used modern equipment, driving ahead of the flock in a snowmobile, while young lads drove a car behind the flock, urging it on.

Ái á Á á á á á. [208]

The First Sheep Roundup [209]

Sheep farmers are very busy in the autumn. Now is the time of roundups all over the country and there will be many roundups in the next few days. The first "real" roundup took place yesterday at the Fossrétt roundup in Síða. In that fold, sheep from the eastern part of the Síða highland pastures are gathered; there are rather few sheep, so the work did not take long. The day of the roundup is a festive one for the children. The relatives Atli Páll Helgason from Hafnarfjörður and Jóna Hulda Pálsdóttir from Foss observed their grandfather and father, Páll Helgason of Foss, when he found one after another of his lambs and brought them to the Foss fold.

Carried in the Fold [210]

There was a sheep roundup in Eastern Húnavatn district last weekend, and those attending it enjoyed fine weather.

The sheepherders got caught in all kinds of weather, but on the whole all turned out well. Those knowing the ropes think that the lambs coming off the mountains are slenderer now than last year, irrespective of the highland pastures where they have been grazing. In the picture one may see some energetic lads at work in the Undirfellsrétt roundup in Vatnsdalur valley last Friday.

[211] Late Roundup in Vesturöræfi Finished

The late roundup in Vesturöræfi above Hrafnkelsdalur valley is just finished. In the late roundup those sheep that have evaded the shepherds in the early roundup are caught, and this can be quite tricky. Vigfús Hjörtur Jónsson is seen in the picture after catching one of the mountain ewes in a gully near Desjará, where she tried to hide from the searchers. Vigfús had the best of it this time and swung the ewe onto his shoulder, carried her up from the gully, put her into a jeep-cart and brought her back home.

CUISINE

[212] Bun Bun

Probably buns will be baked in many homes today or tomorrow because of Bun Day. That which follows is a recipe of traditional yeast buns.

Bun Day Buns

(makes about 30 buns)

450 grams flour
2 eggs
1/2 deciliter sugar
1/2 tsp salt
1/2 tsp cardamom extract
100 grams soft margarine (butter)
1 1/2 tbl dry yeast
3 dl finger-warm milk (from the tap – about 37°C)

1. Place eggs, sugar, salt, and cardamom extract in a bowl and beat well.
2. Stir in soft margarine, then the flour, yeast, and warm water. This will become soft dough. Place a cloth over the bowl and let it rise on the kitchen counter for at least 1–2 hours or even longer.
3. Place baking paper on a baking sheet, set the dough on the sheet with a spoon, leaving a space between, the buns will increase greatly in size. Place a cloth again over the buns and let them rise for 20–30 minutes.
4. Heat a baking over to 210°C, a convection oven to 200°C, place the sheet in the middle of the oven and bake for about 15 minutes.
5. Cool the buns for a very short time, cut them in two, spread the top with melted chocolate, and fill the inside with jam and whipped cream.

NB: It is best to melt the chocolate in a Pyrex dish in a baking oven with 70°C heat. It is better to use a baking oven than a microwave oven, where the dish can warm, then the chocolates stays warm longer.

[213] Icelandic Vegetables

Cucumbers, lettuce, peppers, parsley

Consumers have now for the first time the possibility of buying various kinds of Icelandic vegetables all the year round. "The reason is that more and more gardeners have started growing cucumbers in electric light, and this is also the case with green peppers and lettuce," says Kolbeinn Ágústsson, of Gardeners' Marketing.

He says the response of Icelandic consumers has been splendid. "It's obvious from the response that people want Icelandic vegetables, since the difference in quality is truly great." Kolbeinn is convinced that if the price of electricity were reduced it would result in lower prices for vegetables.

Mushroom Picking Time Has Begun [214]

A considerable amount of mushrooms is in the Reykjavík area this year, says Eiríkur Jensson, biologist and mushroom enthusiast. According to Eiríkur, more and more people are gathering mushrooms for consumption. In the vicinity of the capital the best place to gather mushrooms is Heiðmörk, but mushrooms can also be gathered in Öskjuhlíð and other places. Eiríkur says it is best to gather young mushrooms.

The most common mushrooms in the Reykjavík area are slippery jacks. Brown birch bolete is widely found, but they become maggoty rather early, Eiríkur says; champignon and shaggy ink cap are numerous. In East and North Iceland larch bolete is common. In Hérað in the east, the summer has been warm and it has been wet lately, so the rate of growth has been good.

Guillemot Eggs Have Arrived [215]

"Older people wait for the eggs—they're a sure harbinger of spring," says merchant Júlíus Jónsson about guillemot eggs. Yesterday the shops received the first shipment of 4,500 eggs from Langanes in the northeast. They came from the Skálavík cliff.

Inedible Singed Heads of Lamb [216]

Good singed heads of lamb are not available any more, which is amazing. What is the reason? They are just thrown away by the thousands in the countryside rather than allowing people to buy them unsinged. Such is the eccentricity of some officials, but probably it stems from the fear of salmonella. Yet that was never an issue in olden days, when people worked at home. I have never heard of anyone falling ill on that account. And why are they being cleaned? Least of all there should be bacteria in the soot where the fire has been licking the heads, and then they are boiled for such a long time that the salmonella cannot endure and dies. What difference does this cleaning make? The difference is that there is no longer any singed head taste. They are white in color as if they had been lying in chlorine, tasteless and bad. What stupidity. What do you think, friends of singed heads?

– An admirer of singed heads of lamb.

Þorri Soon Arrives [217]

Doubtless many a mouth waters when people see Chef Þórarinn with the food he is going to offer his guests at Þorri. He has been taking the food out of barrels and putting it into troughs. As can be seen these are genuine meats pickled in sour whey. It won't be long now until gourmets rejoice again, for Þorri begins in barely two weeks. Husband's Day is Friday, 23 January.

Þorri

Þorri has arrived, but Steingrímur Sigurgeirsson says it is the black season of Icelandic cooking culture.

I cannot imagine that any individual can find the products connected with Þorri tasteful. Sour seal's fins, useless shark and animal fat in various versions that have seen better days. At a time when ever more emphasis is laid on fresh raw materials and wholesomeness, it is amazing that such food can appeal to people. When you also consider how it tastes, this is really puzzling.

The main explanation might be that this rekindles the Viking nature of the Icelanders, that they think they are showing prowess and heroism when they manage to swallow this shocking stuff, even if most of them are only heroic enough to take on the task of eating this "food" by numbing its taste with schnapps. Let me rather ask for breast of duck with a good red wine.

In the Stockfish Shed

Jóhann Bjarnason, fish-processing expert at Suðureyri, hung halibut and haddock in a wooden shed at the end of summer when the weather started cooling. The results were good because of conditions in the fall for stockfish production in the West Fjords. Jói is known for his excellent stockfish and sells his products well all over the country.

LAWMAKERS

Ambassador's Grandchild Meets Clinton

Jón Baldvin Hannibalsson, Iceland's ambassador in Washington, was not alone when he went to meet Bill Clinton, President of the United States, in the White House last Monday to deliver his credentials.

"I took my grandson with me, Starkaður Sigurðarson, and aside from formalities and ceremonies it was obvious that the President appreciates such visitors. The two made good company. The boy had learned to say 'How do you do, Mr. President?' and he didn't forget it. The President bent over him and answered with dignity, 'I am fine. But how are you?' There the boy's knowledge was exhausted, so that he couldn't answer much but only nodded his head."

Jón Baldvin said he told Clinton that the young man was highly prescient, that he was possibly a fourth-generation social-democratic politician and that it would stand him in good stead, if he got caught up in a political candidacy around 2030, to have a picture of himself with Clinton.

"It happened in a flash that the President called for the White House photographers to take special photos of the two of them," Jón Baldvin said. "Then the President told the boy that politics is a risky business, but wished him every success."

When Bill Clinton was young, he went to the White House and shook hands with John F. Kennedy. The photo that was taken of Clinton and Kennedy has been published often since he began dealing in politics.

Ice Arena in Laugardalur Put to Use

The Ice Arena in Laugardalur was formally opened last Saturday.

The program started with Páll Sigurjónsson, managing director of Ístak, handing over the building to Reynir Ragnarsson, chairman of the Reykjavík Sports Union. The mayor, Ingibjörg Sólrún Gísladóttir, slid onto the ice with a number of young skaters and formally opened the ice arena. The Reverend Pálmi Matthíasson pronounced a blessing.

The main events of the festival were performed by young members of Skating Club of Reykjavík and the ice hockey club, Björn. They showed figure and synchronized skating, ice hockey, and more.

Iceland and Greenland

On the occasion of the first official visit by an Icelandic prime minister to Greenland, Prime Minister Davíð Oddsson announced a 20 million krónur Icelandic donation for the restoration of Eirík the Red's farm at Brattahlíð in Eiríksfjörður, in memory of the historical ties of the two countries. The same may be said about the planned cooperation with Greenland in the year 2000 to commemorate the thousandth anniversary of the discovery of America. It has also been decided to hold regular consultation meetings between the Icelandic prime minister, the Faroese lawman and the chairman of the Greenland home government. Both the Greenlanders and the Faroese have had great economic difficulties and there is no doubt that the Icelanders can share their experience with them and render them assistance in various ways.

CAPTION: Premier Davíð Oddsson and his wife, Ástríður Thorarensen, with Jonathan Motzfeldt, chairman of the Greenlandic home government, take a look at Hvalseyrarkirkja. That church is considered to have been erected by the Norsemen around the year 1300.

In the Maritime Museum Ósvör

Yesterday, on the second day of his visit to the West Fjords, the president of Iceland, Ólafur Ragnar Grímsson, and his wife, Guðrún Katrín Þorbergsdóttir, came to Bolungarvík and Ísafjörður. This picture was taken at the maritime museum Ósvör near Bolungarvík, where Geir Guðmundsson guided the presidential couple and told them about fishing in former times. Ragnar Högni Guðmundsson held the President's hand and followed him around the station. His grandmother knitted the sweater and the cap he is wearing.

Vigdís President of National Leaders Council

Vigdís Finnbogadóttir, former president of Iceland, visited Harvard the other day and gave a speech when an international association of national leaders was formed. Its headquarters will be at the John F. Kennedy School of Government at Harvard, named after the former president of the United States.

Vigdís is president of the council. She addressed more than a hundred people at its inaugural meeting in the school's auditorium and took as an example Guðríður Þorbjarnardóttir, wife of Þorsteinn, son of Eirík the Red, and sister-in-law of Leif the Lucky, saying that she had been the first European to set foot on both sides of the Atlantic, in North America and Europe.

"The courage she showed and the respect she acquired at the end of the first millennium can be an inspiration to us when a new millennium is approaching," she said. The council will be a forum for women who have discharged or now hold the highest offices of their homelands, in order to find efficient solutions in international politics. The council will also work in close cooperation with Harvard and act as an incentive for young women to run for high offices.

Guðríður Þorbjarnardóttir was born in Iceland and went to Greenland at an early age. She went to Vínland with her husband Þorfinnur Karlsefni, and there bore him a son, Snorri Þorfinnsson. These events are related in the *Saga of the Greenlanders* and *Eiríks saga*, and they are also mentioned in the *Book of Settlements*. Later she settled in Skagafjörður, journeyed south to Rome to receive absolution, and returned to Iceland, where she died.

[11] WELCOME

ON THE MOVE

[225]
Midnight Sun on the Jaðar Golf Course
Akureyri and Eyjafjörður were at their most beautiful for the annual Arctic Open Golf Championship the night before last. Over 130 golfers stood on the Jaðar golf course at midnight and looked to the heavens. The weather was clear and as fine as one could wish, so the view was at its very best, like that on a beautiful postcard of a sunset. More than 40 foreign competitors were quite amazed and highly satisfied when the sun touched the surface of the ocean before rising again. The tournament was finished at six o'clock yesterday morning, but the last competitors were expected to come in this morning.

[226]
National Cooking to Be Offered
A letter from IceTec to the Reykjavík Municipal Development Bureau for Employment and Tourism recommends that restaurants be encouraged to offer Icelandic fare to tourists. "We are referring both to dishes that belong to the traditional cooking of the nation, such as sour meats, shark, stockfish, milk curds, and Iceland moss, and also to guillemot eggs, lumpfish, roes and liver, scallops, mussels, and other shellfish at the seaside, mushrooms all around the country, catfish, seal, reindeer meat and even lesser rorqual."

The letter states that the main stimulus for launching this project is the fact that most restaurants and cafeterias, both in Reykjavík and out in the country, only offer international fast food such as hamburgers, grilled chicken, and French fries.

[227]
Góða ferð!

[228]
Cycling on the Old Sprengisandur Route
Foreign tourists are numerous in the country at this time of the year and one can expect to meet them wherever one goes. Stefan Buob and René Müller from Lucerne, Switzerland, rested on the old Sprengisandur route in the vicinity of Kvíslaveitur. They had cycled from Akureyri and had been three days en route. They were on their way to Reykjavík. Stefan said that Icelandic mountain routes were out of this world. In Switzerland such routes would be classified with cow paths. The companions had much to say about the landscape in the highlands, which they said was highly peculiar and they were also enchanted by the silence of the mountains.

[229]
About to Descend into Kiðagil
A group of Icelandic and foreign riders who are on a month-long horseback trip with Íshestar are now staying at Kiðagil canyon in Bárðardalur and ahead is the route south across Sprengisandur. Seventeen riders originally set out, but now three have left the group, according to Sigrún Ingólfsdóttir of Íshestar, two because of too short summer holidays and one due to family circumstances. The other fourteen keep on, under the guidance of Einar Bollason.

[230]
Longest Organized Walking Path Is Close to Reykjavík
Varied landscape surrounds Reykjavegur, the new walking route that is named after the hot-spring vapors that are found widely about, and some of the stops are located in a geothermal area. The path lies across uninhabited areas on the Reykjanes peninsula, from the Reykjanes lighthouse, along the Reykjanes mountain range, all the way to the Nesjavellir Power Plant near Lake Þingvallavatn. The layout started two years ago, and now Reykjavegur has been divided into seven day-journeys of unequal length, some 120 kilometers altogether. "Therefore, Reykjavegur is the longest marked walking path in Iceland, and for comparison it may be mentioned that the Laugavegur path from Landmannalaugar to Þórsmörk is about 55 kilometers," says Pétur Rafnsson, who is chairman of the Capital Area Tourism Association and project chief of the executive board of Reykjavegur.

[231]
Whales Patted on Their Heads
"Whale observation has done well this summer," says Hörður Sigurbjarnarson, one of two owners of North Sailing in Húsavík. He says there has been a clear increase compared to the same time last year. It has also made considerable difference that the season this year started three weeks earlier than last year.

"We've already made about 150 trips and found a whale in every single one," Hörður says. "Even in the rotten fog this morning we found whales."

He says, however, that it doesn't happen every day that the whales nod to the spectators. "It's in effect a turning point that those wild creatures have grown so gentle that you can pat them."

CAPTION: The whale does not seem less curious than the people. These merry people had a marvellous time on their voyage.

THE WAY LED TO AMERICA

Brought up in "Iceland"

An Icelandic-Canadian, Lillian Vilborg MacPherson, studied Icelandic for Foreign Students this winter at the University of Iceland. She also gave a lecture at the university about myths, linking them to the causes of the emigration. Lillian says that she had not particularly deliberated over the intangible links until she came to Iceland. "I discovered that I had actually not been brought up in Canada, but in Iceland. Like Icelandic children, we were sent to the countryside to our grandparents for the summer. Grandpa and grandma lived at the farm Hagi in Manitoba. Nobody had felt the difference between the method of farming there and at other farms. The old couple had chickens, cows, horses and sheep, but sheep were a rather rare livestock in Canada. My grandmother made all the Icelandic dairy products from the cows' milk, *ábrystir*, milk curds, cream, and whey cheese. The cuisine was Icelandic, for at Hagi we had crullers, pancakes, and the brown Icelandic bread that as children we called rye bread. One should not forget either that grandma made liverwurst and blood sausage like other Icelandic grandmothers. Of course the environment here is quite different from the prairies in Winnipeg. I find Icelandic society forceful and fascinating."

Talking about Bjarni As an Icelander

The newspaper *Florida Today* reported in a special news item [8 August 1997] that Iceland had a representative on the spaceship *Discovery*, under the headline "Iceland Rallies around Native Son."

The report says that even though Bjarni was young when he left his native land and had become a Canadian citizen, it had not diminished the interest and pride of his native brothers and sisters, as he expressed it. Ólafur Ragnar Grímsson is cited as saying that the Icelanders do not fully claim Bjarni, but share him with the Canadians, and cites the Icelandic emigrants and their descendants.

"[Bjarni] is the story in Iceland. We are a nation of discoverers and settlers, and we see it as a continuation of the great Viking tradition," *Florida Today* quotes the President. Then the paper recounts the Viking discoveries in Iceland and the voyage of Leif the Lucky to North America. It also mentions the connection of Iceland with man's first visit to the moon, since the astronauts considered it suitable to prepare for their excursion to the moon in the Icelandic landscape.

Bjarni is quoted as saying that even though he grew up in Canada and has his home there, he remains closely connected with Iceland. "I still have many relatives there. I'll be flying a couple of Iceland flags with me up there, and I hope to take one of them back there [to Iceland] sometime after the mission."

koma sér fyrir á ný

The Icelandic Hekla Club was established in 1925 by several young women. This independent association is open to women of Icelandic descent or with ties to Iceland and its purpose was to insure Icelandic presence in this area, to help where help is needed, to introduce and increase Icelandic culture and to take part in pan-Nordic activities. For nearly 75 years, monthly meetings have taken place from September through June every year. A "Barnaball" [Children's Dance] is held during the December meeting for children and grandchildren, and in June there is always an outdoor festivity on the National Day of Icelanders, and "Samkoma," which still carries its Icelandic name, is the largest get-together, with dinner and cultural events. It has been held in April nearly every year since 1925.

CAPTION: Hekla women had a meeting recently; it is the oldest Icelandic association in the US and is still in full swing.

An Icelandic Viking in Gimli

"The thunder god himself, Þor, could hardly have aroused such expectations as Magnús Ver Magnússon did in Gimli, where he proved his strength by pulling trucks, lifting 17 teenagers simultaneously, and undergoing other trials of physical force. These trials of strength by the Icelander have made history in the annals of Gimli," said Gísli Benson, our reporter in Gimli.

The MTS Manitoba Winter Games were held in the Icelandic-Canadian town of Gimli. The theme of the games was "The Viking Games—The Saga Continues," and it was chosen because of the parallel between the Vikings of old and modern athletes. On their travels around the world, the Vikings met with obstacles that proved their strength, energy, endurance, and spirit. These qualities were certainly in evidence at the Gimli winter games.

According to Gísli it was the Icelandic Viking Magnús Ver Magnússon who was the main attraction of the games, some 2,500 spectators watching his feats. Many people travelled up to 2,000 kilometers to see the four-time holder of the title "The World's Strongest Man." Magnús's admirers were aged one to 109 years, the latter being Guðrún Árnadóttir, the oldest living Icelander who had moved west over the ocean [during the emigration], and she met Magnús on the occasion.

According to the organizers of the games the Icelandic nation would have to search a long time to find a better ambassador abroad.

CAPTION: Magnús Ver Magnússon showed the inhabitants of Gimli how to pull trucks the Icelandic way.

"WELCOME HOME!"

They Have Come Home and Refresh Their Icelandic

Lára and Herbert Matcke have an Icelandic mother and an American father. They were born in Iceland but have lived at army bases around the world, since their father, Alan, is a soldier. They can both more or less express themselves in Icelandic but sometimes lack words, which is natural after many years in foreign lands.

Lára is 14 years old and Herbert almost 17. From Iceland they moved to the United States, then to Cuba, again back to Iceland, then to Norway and Italy, but have stayed here for the past six months.

"We're learning Icelandic at the school on the base and our mother, Jenný Jósefsdóttir, helps us to refresh our knowledge," they say when they take time for a short chat in the school's cafeteria. "Mother talked to us in Icelandic when we were small, but we've been all over the world and lost a little of it."

Herbert says it was peculiar to come back "home" to Iceland last year after more than six years' absence. "We regard ourselves both as Icelanders and Americans and have double citizenship," they say.

Lára and Herbert often go to visit relatives and friends outside the base. They say that they don't see much difference between Icelandic and American teenagers. "There is no difference except for the language," Herbert says, and Lára points out that Icelandic teenagers dress in much the same way as the American ones and have very similar attitudes towards life.

The fire alarm of A. T. Mahan High School resounds at this juncture and the pupils flock out of the cafeteria and onto the field, among them Lára and Herbert. There the pupils stand, scantily dressed and shivering, while the fire brigade of the base makes sure there is no fire. Someone has likely started the system. The headmaster is probably on vacation these days, so it's the old story: when the cat's away, the mice will play.

[238]

Our Friend Keiko

The killer whale Keiko, who acted in a famous movie, was originally caught off the coast of Iceland. Now his trainers in the United States want to move him to the place where he grew up.

He has to go to school like other immigrants. He's completely forgotten his native language, Mr. Teacher.

[239]

SONI

The Society of New Icelanders will hold its meeting next Thursday night at 8:30 p.m. in the Information and Cultural Center for Foreigners at Skeljanes in Skerjafjörður.

In a news release it is stated that SONI is a society for foreigners and their well-wishers. The main aim of the society is to further understanding between people of all nationalities who live in Iceland by increasing their cultural and social relations. The meetings of the society are conducted in English and are open to everybody.

53 New Icelanders [240]

The Alþingi yesterday agreed to grant fifty-three individuals Icelandic citizenship.

Nineteen of them originate in East Asia, nine are from the Philippines, five from China, and five from Thailand. Seven come from Eastern Europe and twelve originate in Western and Northern Europe. Seven were born in Central and South America.

Some of those who were granted citizenship have lived here since they were born, but have had foreign citizenship owing to the origin of a parent. There were also a number of Icelandic children who were born abroad.

So, how do you like Iceland? [241]

Playing in a New Country [242]

Language difficulties did not prevent the play of Goran Basrak and Hlynur Héðinsson. Despite the fact that one only spoke Serbo-Croatian and the other Icelandic, there was full understanding between them in the car game in Goran's new home.

Goran's family is one of five families from the Krajina district of Croatia that came from a refugee camp in the former Yugoslavia to Höfn last Sunday. The group consists of 17 people, and an attempt was made to select mixed Croatian and Serb families or people who have relatives in the group that came to Ísafjörður last year.

Hlynur belongs to the supporting family of Goran, but the refugees met their supporting families and others who had worked at preparing for their stay in Iceland, as soon as they arrived in Höfn.

New Magazine for the Defense Force [243]

The first issue of the magazine *Iceland Explorer* has been published and is being distributed free of charge to soldiers at the Keflavík base. The initial response of its readers has been very positive and it has literally been snapped up, according to the editor, who is an American lady by the name of Sarah Tschiggfrie.

She came to this country seven months ago with her husband, who is in the Air Force, and brought along with her the idea of a magazine, which has now been issued by Nesútgáfan in 3,000 copies, and will come out every month in the future.

Sarah is of the opinion that members of the defense force receive far too little information before they come here to serve in the military. That, at least, was her own feeling when she and her husband set out. The only things people know about Iceland, she says, is that it is cold, windy, and expensive, and when they come to the country very little is done to make them change their opinions. The new magazine is intended to give the inhabitants of the Keflavík base different and more varied ideas and information about life in Iceland.

[12] ICELAND TODAY

A MIXED BAG

[244]
Car Wash in the Winter Sun
During the past few days frost and mild weather have alternated. Car owners have used the mild spells to wash the tar off their cars, and the delight at seeing the vehicles change their appearance isn't likely to diminish as the winter sun shines and throws glimmer on the drizzle.

[245]
Widest Tunnel in Iceland
These days the headrace tunnel of the Sultartangi Power Station is being blasted. The tunnel will be about 3.5 kilometers long, about 12 meters broad, and 15.5 meters high, the cross section being a little over 160 square meters, which is necessary since the whole of the Þjórsá river is to flow through it. This is the widest tunnel ever made in Iceland, and the amount of rock that has been blasted out of it is 25% greater than what came out of the tunnel under Hvalfjörður.

The Sultartangi tunnel is expected to be finished in the autumn of 1999, work on it being done in shifts twenty-four hours a day.

[246]
Last Day for Turning in Tax Returns
The last day for turning in income tax returns was yesterday. Even though many people procured extensions, there were many who turned in their returns, some at the very last moment yesterday evening. Tax authorities urge people to do their tax returns with utmost care and return them without creases in the envelopes in which the forms arrived. The tax returns brought to the post box of the internal revenue service in Reykjavík last night were clearly in the right envelopes.

[247]
Experimental Eruption at Öskjuhlíð
The artificial geyser that Reykjavík District Heating made in Öskjuhlíð was tried out yesterday. Mechanical engineer Ísleifur Jónsson, who designed the geyser, was satisfied with the results. "It erupted eight to ten meters," he said, adding that it is an imitation of the natural geysers Strokkur and Geysir. He has participated in research regarding the behavior of these famous geysers, and he also was in charge of ground drilling for 25 years and is therefore familiar with this "hole business." "This was a real try-out, since never before has anybody had the idea of making a man-made hot spring," he says.

The hot water comes from boreholes along Suðurlandsbraut and Laugavegur, and is led through the pumping station at Bolholt and on Öskjuhlíð. As a rule, the water is 120°C to 130°C and must be mixed with cold water in the tank on top of Öskjuhlíð before being pumped into the hot water system of the city. On the other hand, the water is taken unmixed for the geyser, Ísleifur says, for it must be very hot in order for it to function.

[248]
Spring Excursion on the Sounds
Traditional spring excursions are ahead for 11-year-old pupils of the elementary schools of Reykjavík to the Engey Sounds on the longship *Icelander*. On these outings, the children get acquainted with environmental elements, taking specimens of plankton and deep-sea creatures, fishing, looking at birds, seals, and small whales, and they are also allowed to row and steer the longship.

[249]
This Is How We Do It
It's probably not uncalled for to teach the children how to brush their teeth correctly. Icelanders possibly hold the world record in consuming soft drinks and sweets; therefore, the teeth of Icelandic children are in greater danger than those of other children. Hrafnhildur Pétursdóttir, an oral hygienist, yesterday instructed the children at Austurbæjarskóli school about tooth care and tooth brushing. It was the annual Dental Care Day, always held on the first Friday in February.

[250]
Kíkí Saved from a Scrape
Reykjavík's fire brigade saved the parrot Kíkí from a tight spot near a house in Fjólugata around 3 o'clock yesterday. The parrot had escaped from its home and alighted on a branch, but it happened to have a chain around its leg, which got hooked to the tree, so the bird could not move. The fire brigade came to the scene in a truck equipped with a ladder, approached the parrot carefully, and talked to it lest fear should conquer common sense.

[251]
Speed Camera Put to Use
The office of the National Commissioner of the Iceland Police has imported radar with a camera in order to measure speed in the traffic, and the plan is to import more such cameras to the country.

The registered owner of a car is sent a note announcing a fine if his car has been photographed at a higher speed than is permissible. If somebody else was driving the car when the picture was taken, the owner is obliged to inform who he was.

The new radar camera works in such a way that the policemen only need to adjust it. Then they can lean back in the seats of their police cars while the camera automatically photographs those who exceed the speed limit.

IS THAT SO?

[252]
Dorothy and Companions Entertain Sick Children
Dorothy, the Scarecrow, the Lion, the Tin Man and the dog Toto from the play *The Wizard of Oz* visited the pediatric ward of the Reykjavík Hospital the other day and performed for the children. The play was staged this winter at the City Theatre with great success, as this classic story should be familiar to most people. The actors of the Theatre Company of Reykjavík sang, danced, and played pranks for the young audience, and one could only gather that the children were thrilled by this fantastic visit.

[253] *Fiddler on the Roof* Again on Stage

Performances of the musical *Fiddler on the Roof* start again tonight at the National Theatre. The play was premiered last spring.

The scene of the work is a Jewish community in a small Russian village at the beginning of the century. The milkman Tevje lives there with his wife and five daughters and is at peace with God and his neighbors. The life of the villagers is stable and habitual, formed by age-old traditions and customs that are a safeguard in a brittle and paradoxical world.

Fiddler on the Roof was first performed on Broadway in 1964 and has since broken one attendance record after another in theaters all over the world.

[254] *Peter Pan* on Video

Disney's classic fairy tale about Peter Pan has been issued on video with a new mixture of sound and image.

A news release says: "The action starts when Peter Pan, the hero of the evening stories of Wendy, John, and Michael, invites them to get acquainted with the enchanting Never-Never-Land, where youth is in charge and no one grows old. With the aid of the brave Tinkerbell and a handful of irresistible pixie dust they can do anything they want, and together they fly to meet their adventures where, among other things, Peter has to deal with his deadly enemy, Captain Hook, in a powerful struggle."

[255] Peanuts

"Now I have three mottos: 'Life goes on,' 'Doesn't matter,' and 'How should I know?'"

"Very profound, isn't it?" "Perhaps a little too profound."

"Doesn't matter! How should I know? Life goes on!"

WAKEFUL WATCH

[256] Thanks for a Special Service

I want to send my thanks to the young lad who works for 10-11 on Austurstræti. Shortly after noon last Tuesday I was shopping in 10-11. I had parked my car near the Salvation Army, and, when I saw that I had finished shopping in three bags, I said to the girl that I would probably have to make two trips to the car. Then she said that she would ask a young man to help me with the bags, which she did. Then there appeared a young, handsome, and kindly lad, who not only carried all the bags for me, but also held my arm to prevent me from falling, since it was slippery outside. This I found singular in such a young lad, and I want to send him my special thanks for his helpfulness.

Ingibjörg S.

[257] Morgunblaðið on Mondays—for the Chosen Ones

I congratulate admirers of the Internet on the privilege of being able to read Morgunblaðið on Mondays. But at the same time I wish to ask the publishers of Morgunblaðið when readers of the news on paper may expect the same kind of service, that is Morgunblaðið on Mondays.

A Reader.

[258] Morgunblaðið Not on Mondays

In Velvakandi on the 4th of this month, a reader wished to get Morgunblaðið on Mondays. I want to be free from reading it one day a week. It takes me such a long time to read the paper.

Another Reader.

[259] About the Mother Tongue

Have you ever heard such nonsense? A young intellectual appears on television and presumes to convince the nation that by abolishing the mother tongue we may be able to save so and so many billion krónur. That young man is lucky to be an Icelander; elsewhere he would have been found guilty of high treason. That was the last thing we could have imagined to reap after doing as much for the young generation as we possibly could. I pray to God that He will open the eyes of people who hatch such ideas. We have gone through so much over the past centuries and have fought for our independence. Our language is what makes us a nation and it can never be evaluated in monetary terms. Young Icelanders, never, ever shame us by evaluating our heritage in monetary terms, it is simply not on the agenda.

An old-timer who in her small way contributed to the struggle for independence.

Júlíana G.

LOST & FOUND
Boots Taken by Mistake [260]

My name is Fannar Örn, 4 years old, and I went swimming at Kirkjubæjarklaustur last Saturday, 5 July. By mistake I took one boot no. 26 marked Ingibjörg Eva, while my own boot is no. 28 and marked F.Ö.A. My number is in the telephone directory.

Owners of Clothes Can't Be Found [261]

The owners of quite of lot of clothes at Hotel Borg can't be found. If any of our clients thinks he/she has lost clothes, the same is advised to phone and look into the matter by calling between 14 and 17 on weekdays.

Glass from Spectacles Found

A glass from spectacles was found on Háaleitisbraut last Wednesday. The owner can check by telephone.

A Green Beauty Purse Lost

If someone has found a green beauty purse with various cosmetics, among them a mirror with Mona Lisa on the back, please contact me by phone.

PETS

Thanks for Returning Kitten

Cordial thanks to the man who brought home my kitten in Eskiholt in Garðabær.

Ragna

A Parrot Found

A small white parrot was found in Hlíðarsmári in Kópavogur last Wednesday. It likely comes from Garðabær. Information by telephone after 4 p.m.

Kittens

Two marvellously beautiful kittens, brother and sister, who are clever at cat customs, intelligent and box-trained, seek a loving home.

Rabbit Free of Charge

A 3-month-old rabbit, black, is available free of charge. Cage and other items included. Info by telephone.

Hamster Found

A brown and white hamster was found walking in Grettisgata last week. If someone thinks he has lost a hamster, he is asked to telephone.

WHEN THERE'S TIME

Playing Around

The companions Jóhann Þorsteinsson and Haraldur Hannesson were playing around on their skateboards on the Town Square yesterday. There is considerable interest in this sport among youngsters in Akureyri who love to take their boards downtown and show off their skills in front of spectators.

Góða skemmtun!

Playing Golf on St. Þorlákur's Day

The brothers Hannes and Júlíus Ingibergssons changed their routine yesterday when they played nine holes on the golf course at Korpúlfsstaðir. They said that golf is a remedy for any ailment, and they play it all the year round, weather permitting. The weather yesterday was like late summer or spring, some breeze and 6°C, the lawns level and dry, and Mount Esja deep blue and almost without snow.

Hannes, who is 75 years old, said that golf is time-consuming, but that he has plenty of time. "I have stopped working. I taught at Sund College, but have gone in for golf since 1965. I have played a lot over the past few years," Hannes said.

Júlíus, who is 83 years old and was for most of his life a fisherman and shipowner in the Westman Islands, said there was nothing special about playing golf on St. Þorlákur's Day. "It is all-important to serve God and be out in nature. We've been playing the whole year, and I really can't remember such mild weather at this time of the year," Júlíus said.

Bread for the Beak [272]

The birds on the Bakkatjörn pond on Seltjarnarnes are lured by Guðjón Jónatansson. He began bringing bread to the birds five years ago and has done so daily over the past two years.

Guðjón says he likes to do this. He has stopped working and is happy to have something to do. "Formerly I was a hunter, but now I couldn't kill a bird unless there was no alternative," he says. "They are attracted to you and you to them."

Guðjón says it varies how many birds come and also at what time of the day they come to the place at Bakkatjörn where he feeds them. On the other hand, he pays attention to them and tries to be ready with the bread when they gather. "This morning the flock of geese was on the point of leaving when I arrived, but they returned when I whistled," he says.

Midwinter Enjoyment [273]

Despite the fact that the weather is frequently chilly in November, King Winter has been kindly of late, and this has been enjoyed by people as well as animals. Playing ball ensures that both the dog and its owner enjoy outdoor life and good motion. Before long, the ball being used in the playing may, perhaps, be made of snow.

Giving Bread [274]

It has long been highly exciting for children to accompany grown-ups down to the pond Tjörnin in Reykjavík and feed the ducks with bread. In spite of computer games, amusement parks, and many kinds of diversions for the young, a visit to Tjörnin is one of the things that never seems to go out of fashion. Ragnhildur Sandra Kristjánsdóttir, who is three and a half years old, went down to Tjörnin to feed the ducks, who had to compete with the swans.

Guffaw [Back Cover]

There is always fun at the Þverá roundup, or so you would at least surmise from the guffaw that was heard from the fold the other day.

Sjáumst! See you! Wir sehen uns! [275]

SELTJARNARNES

VIÐEY

VESTURBÆR

AUSTURBÆR

LAUGARDALUR

GRAFARVOGUR

R E Y K J A V Í K

ÖSKJUHLÍÐ

ÁRTÚNSHÖFÐI

BESSASTAÐA-
HREPPUR

FOSSVOGSDALUR

ELLIÐAÁR

ÁRBÆR

KÓPAVOGUR

BREIÐHOLT

GARÐABÆR

HAFNARFJÖRÐUR

0   2 km · 1.2 mi

See page 8 for map of Iceland

Information

Heimildir · Acknowlegments

Myndir · Photos & Illustrations

Air Atlanta Icelandic [24]: www.atlanta.is
Arnaldur Halldórsson [86, 104, 121]: arnoid@vortex.is
Árni Johnsen [80]: Reykjavík
Árni Margeirsson [57]: Egilsstaðir
Árni Sæberg [3, 6, 22, 28, 50, 59, 74, 83, 154, 182, 188, 193, 200, 228, 231 (top photo),
   246, 247, 252]: saeberg@mbl.is
Ásdís Ásgeirsdóttir [35, 73, 76, 100, 107, 118, 158, 173, 213, 215]: asdis@mbl.is
Benjamín Baldursson [19]: benjb@simnet.is
Berglind H. Helgadóttir [back cover]: arnar@est.is
Bergljót Arnalds [126]: www.virago.is
Birgir Jónsson [245]: palmi@rhi.hi.is
Björn Blöndal [142]: bjornbl@heimsnet.is
Björn Gíslason [44, 64, 78, 111, 225, 229]: bjorng@est.is
Clark, William Howard [168]: william@hi.is
Dach, Martina [Gabriele Stautner]: Ulm, Germany
Davið Þorsteinsson [149]: davidth@ismennt.is
Edwin Rögnvaldsson [169]: edwin@mbl.is
Eqill Egilsson [207]: Hranargata 3, 425 Flateyri
Elín Pálmadóttir [235]: T/F: +354 552 2676
Fornleifastofnun Íslands [90]: www.mmedia.is/fsi
Fox, Ronan [91]: brian@islandia.is
Freyr Jónsson [13]: www.arctictrucks.com
Frücht, Andreas [166 (top photo)]: Bielefeld, Germany
Guðmundur Ingólfsson [Sigurður A. Magnússon]: imynd@simnet.is
Guðmundur Þór Guðjónsson [45]: gummi@olf.is
Gunnar Bjarnason [21]: ebb@tv.is · www.simnet.is/ebb
Gunnlaugur Einar Briem [167]: gulliebr@egils.is
Halldór Kolbeins [10, 20]: halldor@aurora.is
Halldór Sveinbjörnsson [29, 47]: hprent@snerpa.is
Hallfreður Helgi Halldórsson [203]: freddi_k@centrum.is
Hallgrímur Magnússon, MD [25]: Grundarfjörður
Haukur Snorrason [7]: hsimages@simnet.is
Heimir Harðarson [231 (bottom photo)]: nsail@est.is
Helgi Bjarnason [37]: helgi@mbl.is
Helgi Þorgils Friðjónsson [148]: Reykjavík
Ingibjörg Daníelsdóttir [174]: Reykjavík
Ingimundur Ingimundarson [136]: Borgarnes
Ingvi Hrafn Jónsson [180]: ihjlanga@islandia.is
Smart, Jim [1, 5, 43, 99, 122, 140, 242]: jimsmart@islandia.is
Jóhann Óli Hilmarsson [152]: joholi@islandia.is
Jóhannes Long [221]: www.tv.is/jlong · jlong@tv.is
Jón M. Ívarsson [98]: gli@toto.is
Jón Sigurðsson [49, 70, 117, 210]: www.photoloft.com
Jón Svavarsson [12, 156]: jonmotiv@mbl.is
Jónas Erlendsson [65, 113]: fagradal@islandia.is
Júlíus Sigurjónsson [201]: julius@mbl.is
Kjartan Þorbjörnsson [41, 46, 95, 105, 151, 162, 166 (bottom photo), 170, 171, 189, 190,
   192, 212, 223, 250]: golli@mbl.is
Kristinn Ingvarsson [11, 31, 72, 77, 109, 135, 141, 144, 217, 222, 232, 243, 248, 249, 251,
   272, 273, 274]: kring@mbl.is
Kristján Bühl [66]: Ytri-Reistará
Kristján Kristjánsson [17, 54, 103, 124, 157, 191, 269]: krkr@mbl.is
Lára Hansdóttir [177]: Reykjavík
MBL Archive photos [119, 139, 145, 160, 169, 204, 237]
MBL Graphics [9, 30, 40, 230]
Óskar Þórðarson frá Haga [96]: Reykjavík
Páll Geirdal [36]: pallig@lhg.is · www.lhg.is
Photography by Anders, Valhalla Studios [236]: Gimli, Canada
Ragnar Axelsson [front cover, 32, 34, 48, 58, 79, 108, 114, 186, 187, 198, 205, 206, 209,
   224, 244, 271]: rax@mbl.is
Reynir B. Eiríksson [162]: Akureyri

Róbert Schmidt [219]: robert@isa.is
Samtök iðnaðarins [27]: www.si.is
Selma Hreindal Svavarsdóttir [chapter 5 photo]: selmahr@simnet.is
Sigmúnd Jóhannsson [238]: hawk@mbl.is
Sigurður Aðalsteinsson [211]: Egilsstaðir
Sigurður Jónsson [102, 116]: Selfoss
Sigurður Pétur Björnsson [67]: Húsavík
Sigurður Sigmundsson [39, 69]: Flúðir
Sigurgeir Jónasson [93, 208]: Westman Islands
Sigurjón J. Sigurðsson [38]: bb@snerpa.is
Snorri Aðalsteinsson [62]: ssv@eldhorn.is
Snorri Snorrason [52, 53]: Garðabær
Society of New Icelanders [239]: Reykjavík
Stautner, Gabriele [61, 63]: artifox@artifox.com
Stefán Á. Magnússon [178, 179]: www.svfr.is
Sverrir Vilhelmsson [161]: sverrir@mbl.is
Teiknistofan Skólavörðustíg 28 sf [94]: tsk28sf@itn.is
Theodór Kr. Þórðarson [56]: theodorkr@hotmail.com
Tryggvi Þormóðsson [106]: Reykjavík
Valdimar Kristinsson [15, 16]: Reykjavík
Valdimar Sverrisson [176]: valdi@med.is
Valur B. Jónatansson [55]: vajo@mbl.is
Yann Kolbeinsson [202]: Reykjavík
Þorkell Þorkelsson [4, 42, 87, 101, 115, 131, 133, 155, 183, 195]: keli@mbl.is
Þórhallur Jónsson [82]: pedro@isholf.is
Þórhallur Þorsteinsson [85]: Egilsstaðir
Þröstur Elliðarson [181]: ranga@arctic.is
Örvar Þorgeirsson [81]: orvar@ti.is
©1996 United Feature Syndicate, reprinted with permission [255]
©Canada Space Agency, reprinted with permission [233]
©European Monetary Institute, 1997 / European Central Bank, 1998, reprinted with
   permission; Banknoten-Gestaltungsentwurf © Europäisches Währungsinstitut, 1997 /
   Europäische Zentralbank, 1998 [23]
©Kjarvalsstaðir, reprinted with permission [146]: www.rvk.is/listasafn
©Landmælingar Íslands, reprinted with permission [MAP, Iceland; MAP, Reykjavík]
©Middleton: Icicle Films 1994, reprinted with permission [153]
©Stofnun Árna Magnússonar, reprinted with permission [89]
©Sælubúið Ferðaþjónusta, reprinted with permission [88]
©White House, reprinted with permission [220]
©Þjóðleikhús, reprinted with permission [253]
©Þjóðminjasafn, reprinted with permission [123]

Greinar · Articles

Anna G. Ólafsdóttir [232]: ago@mbl.is
Arna Schram [222]: arna@mbl.is
Árni Johnsen [80]: Reykjavík
Elín Pálmadóttir [235]: T/F: +354 552 2676
Guðlaugur Wíum [168]: laugiwi@hotmail.com
Helga Kristín Einarsdóttir [101]: helga@mbl.is
Hrönn Marinósdóttir [230]: hrma@mbl.is
Jóhannes Tómasson [21]: joto@mbl.is
Jón M. Ívarsson [98]: gli@toto.is
Kristín Gestsdóttir [212]: Garðabær
MBL Editorials [130, 222 (text)]
Ólafur Ormsson [139]: olafuro@mmedia.is
Ragna Sara Jónsdóttir [198]: rsj@mbl.is · rsj@ruv.is
Sigríður Tómasdóttir [50]: siggabjorg@hotmail.com · sigridur@stud.hum.ku.dk
Sjögren, Hasse [163]: deca@boras.mail.telia.com
Steingrímur Sigurgeirsson [218]: sts@mbl.is
Súsanna Svavarsdóttir [90]
Sveinn Guðjónsson [1]: svg@mbl.is

Referenced & Suggested Reading

**Although this list is by no means exhaustive, it should provide
an interesting start to learning more about Iceland and its language.**

Dictionaries

Árni Böðvarsson, ed. *Íslensk orðabók* (Icelandic Dictionary). 2nd ed. Reykjavík: Mál og menning, 1993.

Björn Ellertsson. *Íslensk-þýsk orðabók* (Isländisch-deutsches Wörterbuch). Reykjavík: Iðunn, 1993.

Jón Ófeigsson. *Þýsk-íslensk orðabók* (Deutsch-isländisches Wörterbuch). Reykjavík: Orðabækur Ísafoldar, 1994.

Jón Skaptason, ed. *Ensk-íslensk skólaorðabók* (English-Icelandic School Dictionary). Reykjavík: Mál og menning, 1998.

Sverrir Hólmarsson et al. *Concise Icelandic - English Dictionary*. Reykjavík: Iðunn, 1989.

Language

Ari Páll Kristinsson. *The Pronunciation of Modern Icelandic: A Brief Course for Foreign Students*. 3rd ed. Reykjavík: Málvísindastofnun, 1988.

Auður Einarsdóttir, María Anna Garðarsdóttir, Sigríður Þorvaldsdóttir et al. *Learning Icelandic* (with language tapes). Reykjavík: Mál og menning, forthcoming.

Ásta Svavarsdóttir. *Æfingar með enskum glósum og leiðréttingalyklum við bókina „Íslenska fyrir útlendinga"* (Exercises with English Notes and Correction Keys for the Book Icelandic for Foreigners). Reykjavík: Málvísindastofnun, 1998.

Ásta Svavarsdóttir and Margrét Jónsdóttir. *Íslenska fyrir útlendinga: kennslubók í málfræði* (Icelandic for Foreigners: A Textbook in Grammar). 2nd ed. Reykjavík: Málvísindastofnun, 1998.

Jón Friðjónsson. *A Course in Modern Icelandic: Texts, Vocabulary, Grammar, Exercises, Translations*. Reykjavík: Tímaritið Skák, 1978.

_____. *Mergur málsins: Íslensk orðatiltæki* (The Core of the Language: Icelandic Phrases). Reykjavík: Íslenska bókaútgáfan, 1993.

_____. *Rætur málsins: Föst orðasambönd, orðatiltæki og málshættir í íslensku biblíumáli* (The Roots of the Language: Icelandic Phrases and Proverbs from the Bible). Reykjavík: Íslenska bókaútgáfan, 1997.

_____. *Samsettar myndir sagna* (The Composite Structures of Verbs). Reykjavík: Málvísindastofnun, 1989.

Jón Gíslason and Sigríður Þorvaldsdóttir. *Landsteinar: Textabók í íslensku fyrir útlendinga* (Landsteinar: Textbook in Icelandic for Foreigners). Reykjavík: Málvísindastofnun, 1995.

_____. *Málnotkun: íslenska fyrir útlendinga* (Language Usage: Icelandic for Foreigners). Reykjavík: Málvísindastofnun, 1991.

Jörg, Christine. *Isländische Konjugationstabellen · Icelandic Conjugation Tables · Tableaux de Conjugaison Islandaise · Beygingatöflur Íslenskra Sagna*. Hamburg: Helmut Buske Verlag, 1989.

Margrét Jónsdóttir. *Æfingar ásamt frönsku, sænsku, og þýsku orðasafni og svörum við æfingum við bókina „Íslenska fyrir útlendinga"* (Exercises with French, Swedish, and German Glossaries and Answers with Exercises for the Book Icelandic for Foreigners). Reykjavík: Málvísindastofnun, 1993.

Svavar Sigmundsson. *52 æfingar í íslensku fyrir útlendinga með lausnum* (52 Exercises in Icelandic for Foreigners with Answers). Reykjavík: Málvísindastofnun, 1993.

_____, ed. *Textar í íslensku fyrir erlenda stúdenta* (Texts in Icelandic for Foreign Students). 4th ed. Reykjavík: Málvísindastofnun, 1998.

Thomson, Colin D. *Íslensk Beygingafræði · Isländische Formenlehre · Icelandic Inflections*. Hamburg: Helmut Buske Verlag, 1987.

Literature

Dagný Kristjánsdóttir. *Kona verður til: Um skáldsögur Ragnheiðar Jónsdóttur fyrir fullorðna* (The Making of a Woman: About the Novels of Ragnheiður Jónsdóttir for Adults). Reykjavík: Háskólaútgáfan, 1996.

Sigurður A. Magnússon. *The Postwar Poetry of Iceland*. Iowa City: University of Iowa Press, 1982.

Viðar Hreinsson, gen. ed. *The Complete Sagas of Icelanders, including 49 tales*. Reykjavík: Leifur Eiríksson Publishing, 1997.

History & Culture

Árni Björnsson. *High Days and Holidays in Iceland*. Anna H. Yates, trans. Reykjavík: Mál og menning, 1995.

Gísli Pálsson, ed. *Images of Contemporary Iceland: Everyday Lives and Global Contexts*. Iowa City: University of Iowa Press, 1996.

Hjálmar R. Bárðarson. *Iceland: A Portrait of Its Land and People*. Sölvi Eysteinsson and Alan Rettedal, trans. Reykjavík: Hjálmar R. Bárðarson, 1989.

_____. *Island: Porträt des Landes und Volkes*. Deutsch von Kládía Róbertsdóttir und Pétur Urbancic. Reykjavík: Hjálmar R. Bárðarson, 1982.

Jón R. Hjálmarsson. *History of Iceland: From the Settlement to the Present Day*. Reykjavík: Iceland Review, 1993.

_____. *Die Geschichte Islands: von der Besiedlung zur Gegenwart*. Reykjavík: Iceland Review, 1993.

Jónas Kristjánsson. *Icelandic Manuscripts: Sagas, History and Art*. Jeffrey Cosser, trans. Reykjavík: Hið Íslenska bókmenntafélagið, 1996.

Kristján Eldjárn. *Kuml og haugfé í heiðnum sið á Íslandi* (Graves and Antiques from the Heathen Period in Iceland). 2nd ed. Adólf Friðriksson, ed. Reykjavík: Mál og menning, forthcoming. With extensive English summary, color photographs, maps, and drawings.

Lacy, Terry. *Ring of Seasons: Iceland, Its Culture and History*. Ann Arbor: University of Michigan Press, 1998.

Rosenblad, Esbjörn and Rakel Sigurðardóttir-Rosenblad. *Iceland from Past to Present*. Alan Crozier, trans. Reykjavík: Mál og menning, 1993.

_____. *Island: von der Vergangenheit zur Gegenwort*. Deutsch von Gudrun M.H. Kloes. Mál og menning, 1999.

Sigurður A. Magnússon. *Iceland Crucible: A Modern Artistic Renaissance*. Reykjavík: Vaka Helgafell, 1985.

_____. *Northern Sphinx: Iceland and the Icelanders from the Settlement to the Present*. 2nd ed. Reykjavík: Snæbjörn Jónsson, 1986.

_____. *Iceland: Country and People*. Reykjavík: Iceland Review, 1994.

_____. *The Icelanders*. Reykjavík: Forskot, 1990.

Yates, Anna. *Leifur Eiríksson and Vinland the Good*. Reykjavík: Iceland Review, 1996.

Geology

Þorleifur Einarson. *Geology of Iceland: Rocks and Landscape*. Georg Douglas, trans. Reykjavík: Mál og menning, 1994.

_____. *Geologie von Island: Gesteine und Landschaften*. Deutsch von Lúðvík E. Gústafsson. Reykjavík: Mál og menning, 1994.

Flora & Fauna

Gísli Pálsson, ed. *Íslenski fjárhundurinn · Der Islandhund · The Icelandic Sheepdog*. Blönduós: Bókaútgáfan Hofi, 1999.

Hörður Kristinsson. *A Guide to the Flowering Plants and Ferns of Iceland*. Reykjavík: Örn & Örlygur, 1987.

_____. *Die Blütenpflanzen und Farne Islands*. Reykjavík: Örn & Örlygur, 1991.

Sigurður A. Magnússon. *The Natural Colors of the Iceland Horse*. Reykjavík: Mál og menning, 1996.

_____. *Das Islandpferd und seine Farben*. Reykjavík: Mál og menning, 1996.

Þorsteinn Einarsson. *Guide to the Birds of Iceland: A Practical Handbook for Identification*. Reykjavík: Örn og Örlygur, 1991.

The Sea

Sigurður Ægisson et al. *Icelandic Whales: Past and Present*. Reykjavík: Forlagið, 1997.

_____. *Die Wale Islands: Geschichte und Gegenwart*. Deutsch von Helmut Lugmayr. Reykjavík: Forlagið, 1997.

Travel

Örlygur Hálfdanarson, ed. *The Visitor's Key to Iceland: Its saga and scenery*. Reykjavík: Íslenska bókaútgáfan, 1996.

_____. *Island Atlas: Ein umfassender Straßen- und Reiseführer*. Deutsch von Ingo Wershofen. Reykjavík: Íslenska bókaútgáfan, 1996.

Of Interest

Bergljót Arnalds. *Stafakarlarnir* (The Alphabet People). Reykjavík: Virago, 1997.

Guðmundur Guðjónsson, ed. *Íslenska stangaveiði árbókin* (The Icelandic Angling Yearbook). Reykjavík: Litróf, annually. With English summary.

Óskar Þórðarson. *Þórður í Haga: Hundrað ára einbúi* (Þórður of Hagi: A One-Hundred-Year-Old Recluse). Reykjavík: Hörpuútgáfan, 1996.

Sigurður A. Magnússon. *Iceland: Isle of Light*. Reykjavík: Fjölvaútgáfan, 1995.

Cyber Links

The following links will provide an opportunity to find out more about Iceland today.
Clearly the list is not exhaustive, but it is a broad overview, and many of the sites listed have useful links of their own.

Svona er Ísland í dag

Morgunblaðið: www.mbl.is
Leifur Eiríksson Millennium Commission · Landafundanefnd: www.leifur-eiriksson.org
Ministry of Education, Science and Culture · Menntamálaráðuneytið:
  http://brunnur.stjr.is/interpro/mrn/mrn.nsf/pages/forsida
University of Iceland Press · Háskólaútgáfan: www.hi.is/stofn/utgafa

Official Links

Botschaft der Republik Island, Berlin: www.botschaft-island.de
City of Reykjavík · Reykjavíkurborg: www.rvk.is
Embassy of Iceland, Washington, DC: www.iceland.org
Icelandic Educational Network · Íslenska menntanetið: www.ismennt.is
Ministry for Foreign Affairs · Utanríkisráðuneytið: www.ees.is
Ministry of Fisheries · Sjávarútvegsráðuneytið: www.hafro.is
National Life Saving Association of Iceland · Slysavarnafélag Íslands: www.svfi.is
Office of International Education · Alþjóðaskrifstofa háskólastigsins: www.ask.hi.is
Public Roads Administration · Vegagerðin: www.vegag.is
Statistics Iceland · Hagstofa Íslands: www.hagstofa.is
University of Iceland · Háskóli Íslands: www.hi.is

General Interest

Farmers' Association of Iceland · Bændasamtökin: www.bondi.is
Hallgrímskirkja: www.hallgrimskirkja.is
Iceland Complete: www.icelandcomplete.is
Iceland Telephone Directory · Landsíminn: www.simaskra.is
Icelandic Philatelic Sales · Frímerkjasalan: http://toppur.postur.is
Icelandic Search Engine · Íslenska leitarvélin: www.leit.is
University Bookstore · Bóksala stúdenta: www.boksala.is

Language & Literary

Association of Icelandic Publishers · Félag íslenskra bókaútgefenda:
  www.mmedia.is/~baekur
Icelandic Word Bank · Orðabanki íslenskrar málstöðvar: www.ismal.hi.is/ob
National and University Library of Iceland · Landsbókasafn Íslands – Háskóla bókasafn:
  www.bok.hi.is
Place-Name Institute of Iceland · Örnefnastofnun Íslands: www.ornefni.is
Writers Union of Iceland · Rithöfundasamband Íslands: www.rsi.is

Travel & Tourism

Air Atlanta Icelandic: www.atlanta.is
Die virtuelle Islandreise · Iceland Guide: www.iceland.de
Fjörukráin Viking Restaurant: www.fjorukrain.is
IceFire: South Iceland Website · ÍsEldur: www.icefire.is
Iceland Review: www.icenews.is
Iceland Tourist Board · Ferðamálaráð Íslands: www.icetourist.is
Iceland Travel Board of North America: www.goiceland.org
Icelandair · Flugleiðir: www.icelandair.com
Icelandic Meteorological Office · Veðurstofa Íslands: www.vedur.is
Icelandic Institute of Natural History · Náttúrufræðistofnun Íslands: www.ni.is
Mál og menning: www.mm.is
National Land Survey of Iceland · Landmælingar Íslands: www.lmi.is
North Sailing: The Whale-Watching Web · Hvalaskoðun Norðursigling: www.north-sailing.is
Tourist Information Center in Reykjavík · Upplýsingamiðstöð Ferðamála í Reykjavík:
  www.tourist.reykjavik.is

Angling & the Sea

Angling Club of Reykjavík · Stangaveiðifélag Reykjavíkur: www.svfr.is
Federation of Icelandic River Owners · Landssamband veiðifélaga: www.arctic.is/angling
Institute of Freshwater Fisheries · Veiðimálastofnun: www.veidimal.is

The Icelandic Horse

Eiðfaxi International: A Magazine for and about the Icelandic horse: www.eidfaxi.is
Icelandic Equestrian Association · Landssamband hestamannafélaga: www.lhhestar.is
Icelandic Horse Business Council: www.icelandhorse.com
Icelandic Horse International Association of America: www.iceassoc.org
Icelandic Horse Resource: www.hestur.com
International Database of the Icelandic Horse · Hrossabanki Jónas Kristjánssonar: www.hestur.is
Landsmót: Iceland's Official Meet of the Icelandic Horse: www.landsmot.is
Millfarm: Icelandic horse breeding and training center: www.icesport.com

Sports

Akureyri Golf Club · Golfklúbbur Akureyrar: www.nett.is/ga
Chess in Iceland · Skák á Íslandi: www.vks.is/skak
Icelandic Sports Web · Íslenski íþróttavefurinn: www.toto.is
Reykjavík Sports Association · Íþróttabandalag Reykjavíkur: www.ibr.is

Business & Industry

Deutsch-Isländische Wirtschaftsvereinigung · Þýsk-íslenska verslunarráðið: www.diwv.de
Federation of Icelandic Industries · Samtök iðnaðarins: www.si.is
IceTec: Technological Institute of Iceland · Iðntæknistofnun Íslands: www.iti.is
Iceland Chamber of Commerce · Verslunarráð Íslands: www.chamber.is
Icelandic-American Chamber of Commerce: www.icelandtrade.com
Icelandic Web Agency · Íslenska vefstofan: www.stofan.is

Arts & Entertainment

Geimsteinn Studios: www.geimsteinn.is
Iceland National Symphony · Sinfóníuhljómsveit Íslands: www.sinfonia.is
Icelandic Film Fund · Kvikmyndasjóður Íslands: www.iff.is
Icelandic National Broadcasting Service · Ríkisútvarpið: www.ruv.is
National Theatre of Iceland · Þjóðleikhúsið: www.theatre.is
National Gallery of Iceland · Listasafn Íslands: www.listasafn.is
Reykjavík Arts Festival · Listahátíð í Reykjavík: www.artfest.is
What's On in Iceland: www.whatson.is

Historical & Cultural

Arni Magnusson Institute in Iceland · Stofnun Árna Magnússonar á Íslandi: www.am.hi.is
Icelandic Emigration Center at Hofsós · Vesturfarasetrið: www.krokur.is/~vestur
Iðunn: The Icelandic Society for Traditional Rímur-Chanting and Intonation ·
  Kvæðamannafélagið Iðunn: sandersen@islandia.is · arnhelg@ismennt.is
International Viking Festival · Víkingahátíð: www.hafnarfjordur.is/viking
Leifur Eiríksson Heritage Project · Eiríkstaðanefnd Dalabyggðar: www.dalir.is/leif
National Museum of Iceland · Þjóðminjasafn Íslands: www.natmus.is
Nordic House · Norræna húsið: www.nordice.is
Saga Centre in Hvolsvöllur · Á Njáluslóð: www.islandia.is/~njala
Samkoma: The Western Icelandic Meeting Place: www.samkoma.com
Settlement of Iceland · Landnám Íslands:
  www.ismennt.is/notendur/neyglob/verk/landnam/landnam.html
Volcano Show: Films of Ósvaldur and Vilhjálmur Knudsen: www.volcanoshow.is

Hrossahlátur

Það er ævinlega gaman í Þverárrétt í Eyjafjarðarsveit, eða
það gætu menn að minnsta kosti ætlað af hrossahlátri
þeim sem kvað við úr réttinni á dögunum. [Back Cover]